渤海西部海域
海洋软体动物

李怡群　安宪深　等　编著

U0202196

海洋出版社

2018 年·北京

图书在版编目 (CIP) 数据

渤海西部海域海洋软体动物 / 李怡群等编著 .
—北京：海洋出版社，2018.8
（渤海西部渔业生物资源系列；一）
ISBN 978-7-5210-0108-2

Ⅰ.①渤… Ⅱ.①李… Ⅲ.①渤海 – 海域 – 海洋生物
– 软体动物 Ⅳ.① Q178.53

中国版本图书馆 CIP 数据核字 (2018) 第 100744 号

责任编辑：苏　勤
责任印制：赵麟苏

海洋出版社 出版发行
http://www.oceanpress.com.cn
北京市海淀区大慧寺路 8 号　　邮编：100081
北京朝阳印刷厂有限责任公司印刷　　新华书店经销
2018 年 8 月第 1 版　2018 年 8 月北京第 1 次印刷
开本：787 mm × 1092 mm　1 ／ 16　印张：8.75
字数：100 千字　定价：78.00 元
发行部：010-62132549　邮购部：010-68038093　总编室：010-62114335

海洋版图书印、装错误可随时退换

编写组

李怡群　安宪深　胡保存　张海鹏

王真真　许玉甫　高文斌　周　军

杨贵本　王慎知　赵海涛　刘金珂

赵雅贤　杨金晓　王卫平　陈晓明

渤 海 西 部 海 域
海 洋 软 体 动 物

内容简介

本书收集了近年渤海西部海域现场调查采集的 18 目 67 科 157 种海洋软体动物的原色照片，逐种标明中文名、拉丁文名，并对形态特征、分布、生态习性以及综合利用等方面作了简述。照片和现状资料，形象直观、通俗易懂，方便参考使用。

本书是一本专业性与实用性、知识科普相结合的参考书，适合海洋渔业科研与教学人员、水产科技与渔业工作者、生物与渔业爱好者参阅。

前　言

渤海西部海域海洋软体动物种类繁多，但系统的文字资料甚少，特别是，近年来随着环渤海经济的高速发展，这一海域的海洋软体动物群落组成和分布也发生了较大变化，准确及时地记录它们的资源现状，积累海洋生物资源的基础数据，编辑出版《渤海西部海域海洋软体动物》则显得十分必要。

多年的海域资源调查实践以及与许多渔业研究、生产从业者的交流，使作者深刻体会到在渔业生物资源调查时对海洋软体动物进行鉴定的难处，面对几十年前的工具书，很多科研人员感觉无从下手。另外，很多渔业生产和海洋爱好者渴望更深入地认知海洋，但对海洋软体动物知识的把握还只停留在初级阶段，对其分类学上的形态特征、现状分布等信息缺乏了解。因此，希望此书可以给他们提供帮助。

作者借助河北省海洋与水产科学研究院（原河北省水产研究所）资源研究室进行海洋资源调查的机会，多年来坚持收集海域现场采集的海洋软体动物标本，进行实物拍摄。并在此基础上，作者综合了渔业科研工作者多年的研究成果和参考吸收了前辈留下的宝贵资料和文献，丰富了当前渤海西部海域海洋软体动物的资料信息。

本书收集了近年渤海西部海域现场调查采集的18目67科157种海洋软体动物的原色照片，逐种标明中文名、拉丁文名，中文名和拉丁文名主要参考齐钟彦等编著的《中国动物图谱》（科学出版社，1983年）。

本书的出版是团队共同努力的成果，在样品收集和书稿编写过程中，得到了河北省海洋与水产科学研究院领导和同事的鼎力支持，以及国内许多专家学者和同仁的大力帮助，赵振良院长在本书的筹备、书稿编辑整理、出版等工作中给予了大力指导和帮助，河北省海洋学院的韩春军、梁新贺、张佳希等同学进行了资料的整理工作。在此，对帮助本书出版的所有单位及良师益友谨致衷心的感谢！

由于作者学识有限，书中难免有错误与不足，敬请大家批评指正。

李怡群

2016 年 12 月 9 日

目 录

腹足纲 Gastropoda ······ 1

头足纲 Cephalopoda ·············· 117

腹足纲 Gastropoda

前鳃亚纲 Prosobranchia

原始腹足目 Archaeogastropoda

贝壳呈笠形、圆锥形或卵形。壳内一般有珍珠光泽。壳口无水管。本鳃呈楯状。鳃为左右一对或只有左侧一个。神经系统集中不显著，足神经节呈长索状。眼的结构简单，开口或封闭而形成泡状。心脏有两个心耳或一个。肾一对或只有左侧一个。齿舌为扇舌型或梁舌型，齿舌带上齿片数目居多。

笠贝科 Acmaeidae

贝壳为圆锥形或帽状。壳质坚实，壳顶位于中央偏前方。具有一个楯形本鳃，大部分是游离的，环形外套鳃或有或无。肌痕一般呈马蹄形。齿舌带长，一般中央齿见不到，仅有 3 对侧齿，缘齿为 0 ~ 2 枚。

---

1. 矮拟帽贝 *Patelloida pygmaea* (Dunker, 1860)

标本采集地：山海关、老龙头。

形态特征：贝壳小，呈帽状，壳质坚实而厚。壳长 10.1 mm，壳宽 8.5 mm，壳高 4.9 mm。壳周缘呈椭圆形，壳顶钝而高起位于壳的亚中央部稍靠前方，且常被腐蚀。壳表放射肋细略可见，与不发达的生长环纹交织但不明显。壳顶前坡直，后坡则略隆起状。贝壳表面常有黑褐色放射色带，放射色带之间有黄褐色点斑，壳内为浅蓝色或灰白色，边缘有一圈褐色或白色相间的镶边，中间有黑褐色肌痕。

生态分布：本种生活在潮间带岩石上，秦皇岛、山海关的岩礁岸段，为较常见种。

马蹄螺科 Trochidae

贝壳坚实，呈圆锥形、塔形、蜗牛形等；螺层较多，螺旋部大多较高，体螺层大多不甚膨大，壳的珍珠层很厚。壳面具颗粒肋、瘤结或棘。底部较平，多具同心肋。脐孔大而深，或为石灰质滑层所覆盖，有的因内唇加厚而弯曲成漏斗状的假脐。壳口斜，呈马蹄形或方圆形，口缘一般不在一个平面上，外唇薄而简单，内唇厚而复杂，常具齿突。厣为角质，薄而透明，呈圆形，多旋，核多位于中央。

本科种类繁多，分布广泛，热带、温带和寒带海域均有采获，以暖水区种类最为丰富，数量大，个体也大，有的构成捕捞对象。草食性。潮间带、浅海和深海均有生活。广温性的种类很多，在温带和热带海域均有聚集区。

2. 口马丽口螺 *Calliostoma koma* (Schikama et Habe, 1965)

标本采集地：渤海湾南部、底栖生物拖网。

形态特征：壳呈低圆锥形，壳高 21 mm，壳宽 23 mm。壳表呈土黄色。螺层 7 ~ 8 层，螺旋部低，体螺层横向极度膨大，缝合线浅。壳表具螺肋，螺肋间尚生有细肋，螺肋上具细小的粒状凸起，粒状凸起为黄褐色或灰白，呈不规则相间。螺肋上尚有较深的黄褐色与灰白色相间的横条斑。壳口呈马蹄形，内面有珍珠光泽，外唇薄，边缘具缺刻，内唇较厚上下方延展成一个弯月状的滑层，内凹较圆。底面外缘的断续性黄褐色横条斑明显，底面同心肋与很细的放射状旋纹相交。厣角质，呈圆形，薄而透明，多旋型，核位于中央。

生态分布：属浅海生活种类，栖息于水深 10 ~ 30 m 泥沙和软泥的浅海，分布于渤海湾南部，为少见种。

3. 托氏昌螺 *Umbonium thomasi* (Crosse, 1863)

标本采集地： 北港、西大尖、咀东北堡。

形态特征： 壳呈低圆锥形，壳质厚而坚实，壳高 13 mm，壳宽 17 mm。壳表平滑而有光泽，色彩有所变化，通常为棕色，也有棕色与紫色相间者。螺层 6 ～ 7 层，各层宽度自上而下逐渐增加，缝合线呈细线状，有的个体缝合线为紫红色。螺层表面具细密的棕色波状斑纹，或为暗红色火焰状条纹。壳面的螺旋纹和生长线细密，不显著。壳口近四方形，内有珍珠光泽，外唇薄，内唇厚，具齿状小结节。脐孔为白色的滑层所覆盖。底面平坦、光滑，与体螺层上部形成明显角度，底面中央部为白色，外有近黑圈带，其外有放射状的近黑色条纹。厣角质，呈圆形，稍薄，约有 10 圈轮纹，核位于中央。

生态分布： 本种为河口区沙滩，泥沙滩上栖居密度最大的贝类之一。生活区多为长带形，平日喜在沙滩上爬行，大风时潜入沙中。生活区密度大，但不均匀，每平方米从几十个到几百个不等。主要分布在唐山海区近海滩涂，资源量很大，但到目前还没有被利用。

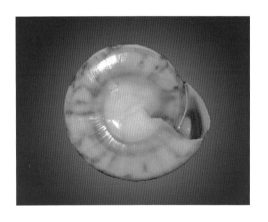 

4. 锈凹螺 *Chlorostoma rustica* (Gmelin, 1791)

标本采集地： 老龙头、金山咀。

形态特征： 壳略呈中塔形，有高、矮两种类型，高者壳高 26 mm，壳宽 23 mm；矮者壳高 20 mm，壳宽 21 mm。壳表呈黑锈色，杂有黄褐色，壳周略膨圆。螺层 5 ～ 6 层，各层宽度自上而下逐渐增加，各层均有细生长纹，缝合线浅。壳表具一些粗壮的放射纵肋，在基部 2、3 层有特别明显的放射肋，但较稀疏，而肋上的黑锈色泽更深。壳口呈马蹄形，内表面呈灰白色，表面下具珍珠光泽，外唇薄，具一褐色和黄色相间的镶边，内唇厚，上方向脐孔处延展，形成一个白色遮缘，下方向壳口延展，形成一个弱齿凸起。底面的黄褐色旋纹与同心环纹相交。脐圆形，大而深。厣角质，圆形，有环纹，核位于中央。

生态分布： 主要生活在潮间带的中、低潮区，在潮间带多栖息于岩石下面或缝隙中，群集性。分布在北戴河至老龙头的岩礁、沙砾岸段。为常见种。

中腹足目 Mesogastropoda(= 纽舌目 Taenioglossa)

本目动物包括的种类很多，贝壳从小到大均有，形状不一，有塔形、卵圆形、圆锥形等。壳表面光滑或具雕刻，壳口简单或具前、后沟。厣角质或石灰质，也有无厣的种类。

本目动物除田螺、瓶螺无唇神经连合外，其他种类的神经系统相当集中。肠神经位于口球后方，以长的神经与索脑神经相连，平衡器一个，耳石仅一个。唾液腺位于食道神经节后方，在输出管长的种类，则穿过食道神经环。通常无食道附属腺、吻和水管。排泄和呼吸系统无对称的痕迹，右侧者退化。心脏只有一个心耳，不被直肠穿过。有一栉状鳃，以全面附于外套膜上。肾开口于外界，或具一输尿管，但不接受生殖物质。生殖腺成熟后，从生殖孔排出，雄体大都具有交接器。齿式通常为 2·1·1·1·2。

滨螺科 Littorinidae

贝壳小，呈陀螺形或圆锥形。壳质结实。螺旋部小，体螺层大。壳面平滑或具螺肋、结节、花纹和斑点。壳口简单，呈卵圆形或圆形，外唇薄，内唇厚。厣角质，少旋，核不在中央。

动物的吻短而宽。触角细长，基部分开，眼位于触角基部外侧。足前端呈截形。阴茎发达，位于右触角的右方。卵生或卵胎生。齿舌长而窄，中央齿有几枚短的齿尖，大小有变化；侧齿和边缘齿排列斜，侧齿大，具 3 枚齿尖；边缘齿曲，顶端具细齿。

　　本科动物分布很广，从热带至寒带的海洋中都有栖息。多生活在潮间带高潮区岩石岸，潮水所能波及到的地方或红树丛林地带，能忍受长时间的干旱而不致死亡。

5. 短滨螺 *Littorina brevicula* (Philippi, 1844)

　　标本采集地：老龙头、金山咀。

　　形态特征：贝壳较小，呈球形，壳高 13 mm，壳宽 11 mm。壳质结实，螺层约 6 层，缝合线细、明显。螺旋部短小，体螺层膨大。螺层中部扩张，形成一明显肩部。壳面生长纹细密，具有粗、细、距离不均匀的螺肋，肋间有数目不等的细肋纹。体螺层的螺肋约 10 条，其中 3 ～ 4 条较强。壳顶呈紫褐色，壳面呈黄绿色，杂有褐、白、黄色的云状斑和斑点，壳色有变化。壳口圆，简单，内有褐面，有光泽，外唇有一褐、白相间的镶边。内唇厚，宽大，下端向前方扩张成反折面，内中凹，无脐。厣角质，呈褐色，核近中央靠内侧。

　　生态分布：生活在高潮区附近的岩石间，主要分布在北戴河至老龙头岩礁、沙砾岸段及曹妃甸港附近，为较常见种。

6. 粗糙滨螺 *Littorina* (*Littorinopsis*) *scabra* (Linnaeus, 1758)

　　标本采集地：北戴河。

　　形态特征：贝壳近陀螺形，壳高 12 mm，壳宽 8 mm，壳质薄，结实。螺层 7 ～ 9 层，缝合线细、明显，螺层稍膨凸。壳顶稍尖，螺旋部凸出，体螺层较膨大。壳表面具有细的螺旋沟纹，生长线粗糙。壳色灰黄，杂有放射状棕色的色带和花纹。壳基部微膨胀，壳纹较细弱。壳口呈卵圆形，稍斜，简单，内有与壳表面相同的色彩和肋纹。外唇薄，内唇稍扩张，多少向外反折。无脐，厣角质。

生态分布：生活在潮间带高潮区岩石上或缝隙间，为较常见种。

穴螺科 Lacunidae

贝壳小，壳质薄。螺旋部位通常较低，体螺层膨大，体螺层周缘长具或强或弱的龙骨。壳口大，呈卵圆形或半圆形，无前沟。壳柱外侧长具一平行的沟缝，脐孔窄或封闭。具厣，角质，核不在中央。

动物吻短。触角长，丝状，眼位于触角基部外侧。足前部弧形，后部逐渐瘦弱。中央齿大，侧齿及缘齿排列斜。

7. 陆氏脆螺　*Stenotis loui* (Yen, 1936)

标本采集地：黄骅前徐，采泥。

形态特征：贝壳小，壳高 2 mm，壳宽 2.1 mm，壳质薄脆。螺层约 4 层，缝合线明显，螺层膨圆。螺旋部底小，体螺层大，宽度突然扩张，略斜。生长纹细密，壳面平滑，被有黄褐色的壳皮，壳皮退落后为白色。体螺层周缘具一明显的龙骨凸起。壳口大，斜，近梨形，外唇下部由于龙骨的关系形成一弱的角。内唇上部厚，胼胝状，常呈褐色。脐孔的周围常呈不均匀的紫褐色。厣角质，呈黄色，薄，少旋，核位于近下端内侧。

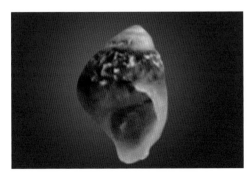

生态分布： 生活在潮间带的中、低潮区及浅海，仅见于黄骅南部近海，为较常见种。

狭口螺科 Stenothyridag

贝壳小，呈卵圆形，螺层少。壳表面光滑无雕刻，有光泽。壳口小，呈圆形，通常收缩，简单，无脐孔。厣石灰质，呈圆形，核不在中央，边缘有沟纹。

8. 光滑狭口螺 *Stenothyra glabar* (A. Adams, 1861)

标本采集地： 老米沟、咀东、南排河。

形态特征： 贝壳小，壳高 3 mm，壳宽 2 mm，近桶状，两端稍窄，中部膨胀。壳质较薄，结实，螺层约 5 层，缝合线明显，各螺层膨凸。螺旋部高宽度增长缓慢，体螺层高度增长迅速。壳顶钝，体螺层腹面稍压扁。在扩大镜下可以看到壳面上的螺旋沟纹，沟纹在体螺层中部常消失或较弱，在细的螺旋沟纹内具有不明显的针刺状坑洼。壳口接近正面，小，呈圆形，稍收缩，简单。无脐。厣石灰质，周缘有肋镶边，少旋，核近中部内侧。

生态分布： 生活在潮间带有淡水流入的河口附近泥沙质的海滩上，主要分布在滦南咀东到丰南涧河以及黄骅潮间带，为常见种。

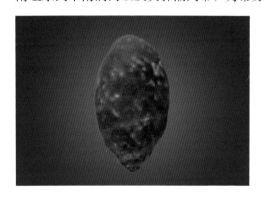 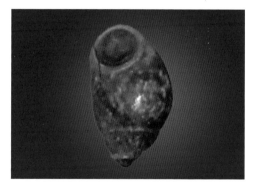

麂眼螺科 Rissoidae

贝壳小，呈锥形或长卵圆形，壳面光滑或具雕刻，壳口完全或具浅的前沟。厣角质，少旋，核不在中央，有的种类，厣的内面具棒状的凸起。

动物的吻短。触角长，近管状。眼在触角基部外侧，微凸起。

动物在海水或淡水中生活，多在藻类或海草间栖息，为食植物性动物。足腺能分泌一种丝状黏液，可以悬挂在海草上。

9. 小类鹿眼螺 *Rissoina bureri* (Grabau & King, 1928)

标本采集地：北戴河、山海关。

形态特征：贝壳小，壳高 2 mm，壳宽 1.1 mm，壳呈长卵形，壳质薄。螺层约 5 层，缝合线稍深，螺层较膨圆。螺旋部呈尖锥形，体螺层稍大。壳表面光滑无肋，生长纹细密。壳面为淡紫褐色，体螺层颜色较淡。壳口呈卵圆形，简单，前端边缘微凹而略突出外唇薄，内唇下部稍厚，脐孔很窄。厣角质，呈卵圆形，紫褐色，少旋，核位近内侧的下端。厣表面靠内侧具一与厣长度近等的凹沟；厣内面有一与表面凹沟相应的龙骨隆起，其前端为一棒状突起。

生态分布：生活在潮间带海藻和石块下面，分布于北戴河以北，岩礁岸段的高、中潮区，为少见种。

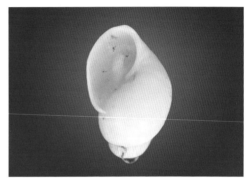

拟沼螺科 Assimineidae

贝壳小，其高度很少超过 10 mm，呈卵圆形或圆锥形，螺层平或略膨胀，壳面光滑无雕刻，颜色有变化，有的具色带。壳口呈梨形，简单，厣角质，少旋，核偏于一侧。

动物吻短，无真正的触角。眼柄长，可以收缩，眼位于近顶部的外侧，有的种类，眼位于退化触角的基部。足短，呈卵圆形，前端呈截形。雄性交接器卷曲于背部中央，被外套膜覆盖。

10. 绯拟沼螺 *Assiminea latericea* (H. & A. Adams, 1863)

标本采集地：黄骅岐口，采泥。

形态特征：贝壳小，壳高 11.8 mm，壳宽 6.5 mm，呈长卵圆形，壳质结实，螺层约 8.5 层，缝合线明显。各螺层的高、宽度增长均匀。螺旋部小，体螺层膨大。壳表面光滑，生长纹细密，在缝合线下面有 1 ~ 3 条纤细螺纹。壳面呈绯红色，在缝合线下方的色较淡。壳口呈梨形，简单，外唇薄，易破碎。内唇滑层较厚遮盖脐部。厣角质，呈梨形，少旋，核偏内侧的下方。

生态分布：生活在河口咸淡交汇区的泥或泥沙滩上及浅海。分布于渤海湾西部海域的浅水区，为少见种。

锥螺科 Turritellidae

贝壳呈尖高锥形，螺旋部高，螺层多。体螺层低，不膨大。壳表面常具粗细的螺旋肋。壳口小，呈圆形，卵圆形或近方形，完整或微具前沟，唇简单。厣角质，呈圆形，多旋，核位于中央。

足短，前端呈截形，具沟，后端窄，钝。外套膜边缘具小触手。触角长，锥状，两触角的间距较远，眼位于触角基部外侧。齿舌有变化，通常齿式为 2·1·1·1·2，尖端具齿。

11. 强肋锥螺 *Turritella fortilirata* (Sowerby, 1914)

标本采集地：渤海湾中部，底拖网。

形态特征：贝壳呈尖锥形，壳高 70 mm，壳宽 16.4 mm，壳质结实，螺层约 18 层，缝合线较深，螺层膨圆，螺层的高、宽度增长均匀。壳顶尖，常折损，螺旋部高，体螺层短。壳面粗糙，生长纹明显。壳顶光滑，其余壳面具有 4 ~ 5 条较强的肋及细的间肋，螺肋的数目在贝壳后方减少，强度也减弱。壳面呈黄褐色，壳口近圆形，简单，外唇薄，常破损，内唇稍厚。厣角质，呈圆形，栗色，多旋，核在中央。

生态分布：生活在潮下带水深 20 ~ 30 m 的泥沙质海底，肉可食。分布于渤海湾中部，为较常见种。

汇螺科 Potamodidae

贝壳呈尖锥形，与蟹守螺形状相似，螺层多，螺旋部高，体螺层低。贝壳表面常具肋和粒状雕刻。壳色多呈或浓或淡的褐色或黑灰色。壳口近圆形，外唇常向外扩张。前沟短，有的呈管状。厣角质，呈圆形，多旋，核位于中央。

动物足大，近圆形，后端钝。触角长，眼位于触角长度的 1/3 ~ 1/2 处。水管或多或少明显。中央齿小，侧齿大，均有齿尖，缘齿简单。

12. 珠带拟蟹守螺 *Cerithidea cingulata* (Gmelin, 1971)*

标本采集地：金山咀。

形态特征：贝壳呈锥形，壳高 32 mm，壳宽 10 mm，壳质结实，螺层约 15 层，缝合线沟状，其中有一条细的螺肋。螺顶尖，常被腐蚀，螺层的高、宽度增长均匀。螺旋部高，体螺层低。壳顶 1 ~ 2 层光滑，其余螺层具有 3 条串珠状螺肋。体螺层上的螺肋约有 10 条，仅在缝合线下面的一条螺肋呈串珠状其余平滑，在其左侧常有一发达的纵肿脉。壳面呈黄褐色，在每一螺层中部或上部有一条紫色螺带。壳口近圆形，内面具有与壳面螺旋沟纹相应的紫褐色条纹。外唇稍厚，边缘扩张。内唇上方薄，下方稍厚，前沟短，呈缺刻状。厣角质，黄褐色，圆形，多旋，核位于中央。

生态分布：生活在潮间带泥沙质的海滩上，主要分布在秦皇岛海区，为较常见种。

13. 古氏滩栖螺 *Batillaria cumingi* (Crosse, 1862)

标本采集地：北港、石臼坨东、西大尖。

形态特征：贝壳呈尖塔形，壳高 25 mm，壳宽 8 mm，壳质结实。螺层约 12 层，壳顶尖，常被腐蚀。螺层高宽度增长缓慢，缝合线浅，清楚。螺旋部高，体螺层低。壳面除壳顶光滑外，其余壳面具有较低平而细的螺肋和纵肋，纵肋有变化，通常在壳的后部出现至前部消失，但也有的个体延至前部，上述变化在同一地区都有，但绝大多数表面光滑而不具纵肋。壳面为黑灰色，在缝合线下面通常有一条白色螺带，在低平的肋上有时出现白色斑点。壳口呈卵圆形，内有褐、白色相间的条纹，外唇薄，其后方微显凹曲。内唇滑层稍厚，其前后端具肋状隆起。前沟短，呈缺刻状。厣角质，同前种。

生态分布：生活在潮间带的中潮区或高潮区及有淡水注入的泥沙滩上。主要分布在唐山沿海滩涂，为常见种。

14. 多形滩栖螺 *Batillaria multiformis* (Lischke, 1869)

标本采集地：老龙头、石臼坨。

形态特征：贝壳近长锥形，壳高 30 mm，壳宽 13.5 mm，壳顶结实，缝合线清楚。螺层 8 ~ 10 层，稍膨圆，其高宽度增长比较均匀。壳顶尖细，常被腐蚀。螺旋部呈塔形，较高，体螺层低，略膨胀，基部略向后方倾斜。壳表面除壳顶光滑外，其余壳面具有距离不等的螺旋肋纹，有的在上部并具有纵肋。每一螺层的肩部具有一横列结节凸起，这些纵肋和结节凸起有变化，有的较弱或不显。壳面为黑灰色，在缝合线下面，有的个体有一条灰白色的螺带。壳口呈卵圆形，内有紫褐色和白色的条纹，外唇薄，边缘略呈波状。内唇厚，白色前后端具肋状凸起。前沟缺刻状，后沟浅。厣角质，同前种。

生态分布：生活环境同前种，但数量不如前种多。分布在唐山、秦皇岛沿海滩涂，为较常见种。

15. 纵带滩栖螺 *Batillaria zonalis* (Bruguiere, 1792)

标本采集地：石臼坨。

形态特征：贝壳呈尖锥形，壳高 36 mm，壳宽 16 mm，壳质结实。螺层约 12 层，壳顶常被腐蚀，螺层的高、宽度增长均匀，缝合线清楚。螺旋部高，呈塔形，体螺层低，基部稍斜。壳面初壳顶光滑外，其余壳面具有明显而较强的纵肋和粗细不均匀的螺肋，纵肋在体螺层上的较短，螺肋有时成为粒状凸起。壳面为紫褐色，在缝合线下面通常具有一条较宽的灰白色螺带，螺旋沟纹内多为灰白色。壳口为卵圆形，内为紫褐色或具有与壳面沟纹相应的白色条纹壳口外缘薄，在后方具有一近呈"V"字形的凹陷。内唇较厚，近前后端具有肋状隆起。

生态分布：生活在潮间带的高潮区或中潮区。分布于河北省省沿海东部的沙、沙泥质滩涂，为常见种。

滑螺科 Litiopidae

贝壳小，壳质薄，呈长卵圆形，壳顶尖细，螺层较膨圆，壳面通常光滑，有时出现纵肿脉或花纹。壳口呈卵圆形，简单，外唇薄，内唇略直或中凹，厣角质，薄，少旋，核不在中央。

16. 刺绣双翼螺　*Diffalaba picta* (A. Adams, 1861)

标本采集地：新开口。

形态特征：贝壳呈尖圆锥形，壳高 8.5 mm，壳宽 4.5 mm，壳质薄脆，半透明。螺层约 8 层，缝合线浅，各螺层稍膨圆。螺旋部近塔形，体螺层膨大。壳表面光滑，有时出现纵肿脉，壳面呈淡黄褐色，具有红褐色细的螺旋纹及略呈波状不规则的红褐色纵走线纹，被有薄的壳皮。壳口宽大，内可见壳表面的花纹，外唇薄，内唇中凹，无前、后沟及脐。厣角质，呈淡黄色，薄，少旋，核位近下端内侧。

生态分布：生活在潮间带至水深 20 m 的浅海，多分布于河北省近海东部，为少见种。

光螺科 Eulimidae＝Melanellidae

贝壳通常为细锥形或塔形，壳面平滑，有光泽，有的螺层有纵的沟痕。壳面通常为白色，有的具有色带或斑纹。螺旋部直或稍曲，体螺层低。壳口呈卵圆形，完全，无前沟。壳柱简单，无脐。厣角质，少旋，核偏于一侧。

动物触角分枝，眼位于触角基部后面。吻长，可以自由伸缩。足延长。雄性生殖器官在身体右侧。消化器官退化，口腔大多无颚片、齿舌和唾液腺。胃小，肠短。

17. 马丽亚光螺　*Eulima maria* (A. Adams, 1861)

标本采集地： 南排河，采泥。

形态特征： 贝壳小型，通常壳高 9.6 mm，壳宽 2.7 mm，壳呈尖塔形，壳质薄，结实。螺层约 9 层，缝合线细，明显，各螺层宽度增长缓慢均匀（幼壳上部尖细）。螺旋部高，体螺层低，微显膨胀。壳顶较钝，壳面光滑，有时在螺层上出现纵的沟痕，生长纹细密。壳面呈白色，有光泽。壳口呈梨形，简单，外唇薄。内唇较厚，前端稍向外扩张。

生态分布： 生活在细砂及泥沙质的浅海，从潮间带至水深 20 m 的海底都有其踪迹，主要分布在渤海湾西部海域的浅水区，为较常见种。

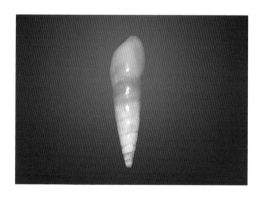

帆螺科 Calyptraeidae

贝壳呈略隆起的片状或乳房状，壳质较结实，螺层少，螺旋部低平，体螺层很大。壳表面光滑或具雕刻，壳内面后部具石灰质隔板（或称腹板），无厣。

足短，近圆形，前端具角，后端钝。触角短，筒状，眼在触角内侧。内脏囊略呈螺旋形，具侧颈叶。生殖腺有附属物。

18. 扁平管帽螺 *Siphopatella walshi* (Reeve, 1859)

标本采集地：渤海湾中部，底栖生物拖网。

形态特征：贝壳呈扁平椭圆形，或近圆形，壳高 4.5 mm，壳宽 27 mm。其形状常随着附着基物体的形状而变化。螺层约 3 层，缝合线细。壳顶小，斜向右方，向内弯曲。螺旋部低小，微凸起，螺层的宽度至体螺层突然扩张成片状，几乎占贝壳的全部。壳表面除壳顶光滑外，其余壳面具明显的同心细纹，有时形成褶纹，壳面被有淡黄色薄的壳皮，易脱落。壳表面呈白色或黄白色，有时染有淡褐色色彩。壳内面具有近三角形或扇形的隔板，无厣。

生态分布：生活在浅海，从潮间带到浅海都有它们的踪迹。这种动物营附着生活，常附着在空的螺壳口内，如玉螺，红螺等。主要分布在渤海湾中部碎贝壳底质的海底。为较常见种。

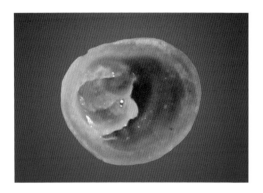 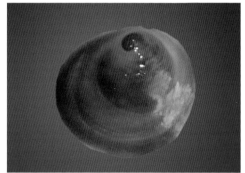

玉螺科 Naticidae

贝壳呈球形、卵圆形或耳形，螺旋部低，体螺层膨大。壳面平滑无肋，生长纹细密，有的具花纹和斑点，具薄的壳皮。壳口大，呈半圆形或卵圆形，完全，厣有石灰质和角质，少旋，核位于内侧。

动物的软体部分，多数种类可以全部缩入壳内，有少数种类不能全部缩入壳内。足发达，能包被贝壳，前足极明显，向前背部翻转掩盖头部和贝壳前缘；足两侧及后部向背部扩展掩盖贝壳的侧缘及后部。触角呈三角形，扁平，前端尖。眼退化，埋于触角基部的皮肤内。吻长，能伸缩。齿舌的中央齿近梯形；通常有 3 个齿尖，侧齿长方形，内缘中部具一大的齿尖。缘齿尖针状，内缘齿有 2 个分叉。

本科动物分布很广，从热带至寒带海区均有其踪迹，从潮间带至较深的海底都有它们栖息。但多数种类，生活在潮间带及基准面附近沙及泥沙质的海底，用其发达的足挖掘泥沙潜入底内。在海滩上爬行时，其后面留有一条沟痕，终止时隐入沙内，有时上面呈隆起状。本科动物为肉食性种类，多以双壳类软体动物为食，用吻分泌酸性物质将贝壳穿透而食之。在海滩上看到的空贝壳、壳顶附近有一圆形小孔，即是被这类动物所食。它们的卵群形状特殊，其卵子包被在由细沙粘成领状的薄片中。由于这类动物是肉食种类，故对浅海滩涂养殖贝类是一大敌害，但其肉味鲜美可供食用。

19. 乳头真玉螺 *Eunaticina papilla* (Gmelin, 1791)*

标本采集地：渤海湾中部、金山咀。

形态特征：贝壳呈长卵圆形，壳高 36 mm，壳宽 26 mm，壳质薄，结实。螺层约 5 层，缝合线深，螺层较膨圆。螺旋部低小，壳顶突出，呈乳头状，体螺层膨大而斜。壳面呈白色，被有黄色薄的壳皮，壳顶部壳皮常脱落。壳表面具清楚而略显曲折的螺旋沟纹，沟纹在螺旋部常缺乏或较弱。生长纹明显，在体螺层常呈褶皱。壳口大，呈梨形，完整，内白色，外唇薄。内唇较厚，稍向外翻卷。脐孔深。厣角质，小，不能遮盖壳口；薄，半透明，呈黄色；核位于基部内侧。

生态分布：生活在沙和泥沙质海底，从潮间带低潮区至水深 20 余米的海底都有发现，退潮后常潜入沙内。分布于渤海湾西部的浅水区及金山咀外浅海。为较常见种。

20. 微黄镰玉螺 *Lunatia gilva* (Philippi, 1851)

标本采集地：老米沟、岐口。

形态特征：贝壳呈卵圆形，壳高 42 mm，壳宽 34 mm。壳质薄而坚。螺层约 7 层，缝合线明显，壳面膨凸，螺层的高宽度增长较快。螺旋部高起，呈圆锥形，体螺层膨大。壳面光滑无肋，生长线细密，有时在体螺层上形成纵的褶皱。壳面呈黄褐色或灰黄色（幼壳色浅），螺旋部多呈青灰色，愈向壳顶色愈浓。壳顶呈卵圆形，内面为灰紫色，外唇薄，易破。内唇滑层上部厚，接近脐的部分形成一个结节状胼胝。脐孔深。厣角质，呈栗色，核位于基部的内侧。

生态分布：通常在软泥质的海底生活，但在沙或泥沙质的滩涂也有栖息，夏秋间产卵。因是肉食性动物，常猎取其他贝类为饵，故对养殖贝类有害。其肉味鲜美可食，河北省近海都有分布，为常见种。

21. 扁玉螺 *Neverita didyma* (Röding, 1798)

标本采集地：老龙头、新开口、老米沟、咀东、前徐。

形态特征：贝壳略呈半球形，坚厚，背腹扁而宽，壳高 62 mm，宽与高近等。螺层约 5 层，螺旋部低平，壳顶端两层生长缓慢，以下数层宽度增长较快，体螺层宽度突然加大。壳表面光滑无肋，生长纹明显，有时形成褶皱。壳面呈淡黄褐色，壳顶呈深灰色，自壳顶沿着缝合线下面常有一条紫褐色螺带。贝壳基部呈白色，与上部形成一明显、整齐的界限。壳口大，向外侧倾斜，外唇边缘薄，完整。内唇滑层较厚，中部形成与脐相接的胼胝，胼胝通常为紫褐色，中央具一沟。脐孔大，深。厣角质，呈黄褐色，半透明，核位于基部内侧。

生态分布：生活在沙、沙泥底质的浅海，从潮间带到水深 30 m 的海底都有栖息，通常在低潮区至水深 10 m 左右处生活。肉味鲜美，贝壳可供观赏。8－10月产卵，卵群呈围领状。河北省沿海都有分布，是主要的经济贝类之一，为常见种类。

 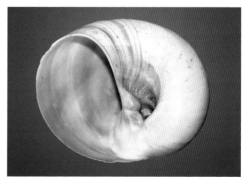

22. 拟紫口玉螺 *Natica janthostomoides* (Kuroda & Habe, 1949)

标本采集地： 老龙头、洋河口，底栖生物拖网。

形态特征： 贝壳近球形，壳高 45 mm，壳宽 40 mm，壳质厚，结实。螺层约 6 层，缝合线明显，螺层膨胀，宽度增长迅速。螺旋部低小，体螺层极膨大。壳面光滑无肋，生长纹明显，体螺层上形成不均匀的纵列褶皱。壳面呈淡灰紫色，外被黄褐色壳皮，在体螺层上具有灰白色螺带 3 条，螺带在老的个体常常不显。壳口呈半圆形，内白色，深处为淡紫色，外唇薄。内唇稍厚，中部向外方伸出一个半遮盖脐孔的胼胝凸起，较小的个体胼胝完全将脐孔遮盖。厣石灰质，呈半圆形，平滑，外缘具有 2 条明显的半圆形沟底，生长纹略呈放射状，核位于内侧下端。

生态分布： 生活在低潮区至水深 20 m 的沙或泥沙质的浅海，肉可食。在河北省近海都有分布，但数量比扁玉螺少，为常见种。

23. 广大扁玉螺 *Neverita ampla* (Philippi, 1848)

标本采集地： 新开口、岐口，底栖动物拖网。

形态特征： 贝壳近球形而稍斜，壳高 37 mm，壳宽 35 mm。螺层约 6 层，螺层较膨凸，壳顶数层宽度增长缓慢，自次体层宽度增长较快。螺旋部短小，体螺层特别广大。壳表面平滑无肋，有的个体在缝合线下部略有压缩，生长纹明显，在体螺层有时形成褶皱。壳面呈淡黄褐色至淡褐色，壳顶部分为灰色，在螺层上有一界线不清楚的淡黄色螺带，基部为白色。壳口大，外唇完整，边缘薄。内唇上部划层厚，至脐孔处形成胼胝结节，其中央具一沟，脐孔部分被堵塞，胼胝通常为白色，偶尔染有淡的褐色。脐孔大，深，其内具一较弱的半环状肋。厣石灰质，呈半圆形，平滑，外缘具有 2 条明显的半圆形沟底，生长纹略呈放射状，核位于内侧下端。

生态分布： 生活在潮下带，分布较普遍，但数量不多。

冠螺科 Cassidae

贝壳呈卵圆形或三角卵圆形，壳质结实。螺旋部低，体螺层膨大。在螺层上常出现纵肿脉。壳面平滑或具浅的沟纹和花纹、斑点。壳口长外唇向外翻卷并增厚，常具齿。壳轴常具褶襞或突起，具角质厣。

足宽大，前端圆。眼无柄。吻和水管相当长。中央齿具许多齿尖，以中央者为强。

冠螺科的种类，是世界热带至温带习见的海洋腹足类。我国沿海已发现 10 余种，它们主要栖息在潮下带的浅海，在低潮区也有发现，但很少见。

24. 短沟纹鬘螺 *Phalium strigatum breviculum* (Tsi & Ma, 1980)

标本采集地：昌黎近海，底栖生物拖网。

形态特征：贝壳呈卵圆形，壳高 67 mm，壳宽 39 mm，壳较薄，结实。螺层约 8 层，缝合线浅，螺顶数层增长速度较慢，最后数层增长速度较快。螺旋部呈低圆锥形，体螺层膨大。螺旋部除壳顶 2 层光滑外，其余壳面具粒状突起。体螺层上的沟纹有 35 ~ 51 条，以 40 条左右者较多。贝壳表面呈淡黄白色，其上具有黄褐色纵走波状花纹，

花纹在体螺层上有 13 ~ 20 条。在螺层上常出现纵肿脉。壳口长，上窄，向下逐渐增宽，内黄褐色，边缘白色，并向外翻卷，内缘具肋状的齿。内唇薄，上部紧贴于体螺层上，下部较厚，向外延伸呈片状遮盖脐部，唇轴前部具有肋、粒状皱襞。前沟短，呈倒 "U" 字形，向背方扭曲。厣角质，褐色。

生态分布：生活于细砂质的浅海，从潮间带低潮区至水深 30 m 的海底都有栖息，可以潜入不深的沙内，肉可食，贝壳可供观赏。分布在河北省近海的东部海区，为较常见种。

新腹足目 Neogastropoda=Stenoglossa

本目动物具有贝壳，表面光滑或具结节、棘刺、花纹等，通常具壳皮，个体大小有变化，前水管或长或短，厣角质有或无。

神经系统比较集中，食道神经环位于唾液腺的后方，不被唾液腺输送管穿过；胃肠神经节位于脑神经中枢附近，在口的大后方。口吻发达；食道不具成对的食道腺。外套膜的一部分包卷成水管。雌雄异体，雄体具交接器。嗅检器为羽状。齿舌狭长，齿式通常为 1·1·1 或 1·0·1。

本目动物分布极广泛，在世界各海域从寒带至热带、从潮间带至深海、不论是岩石还是沙或泥沙质的海底都有它们的踪迹。本目动物中的不少种类有经济价值。

骨螺科 Muricidae

贝壳呈卵圆形或长卵圆形，壳质较厚，结实。螺旋部呈圆锥形，体螺层膨大。壳表面常具雕刻、螺肋、结节凸起、棘、刺或纵肿脉等。壳口呈圆形或卵圆形，前沟有变化，长或短，有的仅为简单的缺口，内唇通常向外卷，厣角质，少旋，核位于一侧或一端。

足中等长，前端呈截形。头小，触角锥形，先端尖，眼无柄，位于触角基部外侧。吻长，柱状，可以收缩。交接器长，大，尖，位于触角的右侧。中央齿宽短，末端有 3 个齿尖，侧齿弯而尖，仅一个齿尖。

本科动物为前鳃亚纲中比较大的一个科，包括的种类很多，分布也很广泛，但以热带和亚热带种类较多。自潮间带至水深 3 000 m 的海底均有其栖息，通常在浅海岩石或珊瑚礁间生活；在沙或泥沙滩生活的种类多附着在其他物体上。本科动物为肉食性，常用吻穿凿其他软体动物而食其肉，因此，对滩涂养殖贝类有一定程度的危害。但其肉可食，贝壳可供观赏和作贝雕工艺的原料，有的种类的肉和贝壳还可药用。

25. 脉红螺 *Rapana venosa* (Valenciennes, 1846)

标本采集地：渤海湾中部，底栖生物拖网。

形态特征：贝壳较大，通常壳高 104 mm（大者可达 140 mm），壳宽 84 mm，壳质坚厚。螺层约 7 层，缝合线浅，螺旋部小，体螺层庞大，基部收窄。壳面除壳顶光滑外，其余壳面具有略均匀而低平的螺肋和结节。螺旋部中部及体螺的上部具肩角，肩角上下具有或强或弱的角状结节，有角状结节的螺肋，在体螺层上通常有 4 条，第 1 条最强，向下逐渐减弱或不显。壳面呈黄褐色，具有棕色或紫褐色点线花纹，有变化。壳口大，内呈鲜艳杏红色（老壳），有光泽，外唇边缘随着壳面的螺肋形成棱角。内唇上部薄，下部厚，向外伸展与绷带共同形成假脐。厣角质，核位于外侧。

生态分布：栖息环境从潮间带到水深 30 多米，底质为碎贝壳、沙泥底质的海底，尤其在偏顶蛤、凸壳肌蛤分布区密度大，也是贝类养殖的敌害生物。该种肉多味美，一直是渔民的捕捞对象。河北省近海都有分布，以渤海湾中部产量较多，为常见种。

26. 疣荔枝螺 *Thais clavigera* (Kuster, 1860)

标本采集地：老龙头。

形态特征：贝壳呈卵圆形，壳高 38 mm，壳宽 21 mm，壳质坚厚。螺层约 6 层，缝合线浅，螺旋部低，体螺层大，略膨胀。壳顶光滑，螺旋部每层的中部有一环列疣状凸起，有的在接近缝合线上部有一列小的粒状突起。疣状突起在体螺层上有 4 列，上方的一列发达，其余较弱或不显。整个壳面，除疣状突起外，还分布有细的螺肋及细密的生长纹。壳色紫褐，具有不规则的白色条纹和斑点。壳口呈卵圆形，内常具粒状凸起及肋，内缘常具紫褐色斑及白色条纹，外唇薄。内唇光滑，呈淡黄色。前沟短，稍向背方曲。厣角质呈褐色，少旋，核位于中央外侧的边缘。

生态分布： 生活在潮间带中、低潮区的岩石缝隙内及石块下面。多时数十个或成百个聚集在一起。分布在东北戴河至老龙头岩礁岸段的潮间带，为常见种。

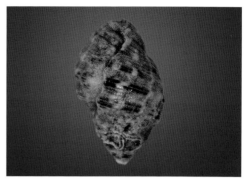

核螺科 Pyrenidae

贝壳小，呈纺锤形或卵圆形，壳质一般结实。壳表面光滑或就纵肋和螺旋沟纹，具薄的壳皮或花纹。壳口窄，外唇内缘常具齿状突起。无脐。厣角质，少旋，核位于下端。

足大，前端呈弧形或截形，后端尖。触角长，眼位于触角基部外侧。

本科动物个体较小，最大者壳高约 20 mm，它们在世界各地海域均有分布，多生活在浅海，从潮间带至水深 100 m 沙和泥沙质的海底都有其踪迹，在潮间带生活的种类，潮水退去后，多隐藏在石块下面，并喜群集。本科动物为肉食性，常以小的双壳类、小型的甲壳类为食，并食死动物的尸体。

27. 布尔小笔螺　*Mitrella burchardi* (Dunker, 1877)

标本采集地： 金山咀、北港。

形态特征： 贝壳呈长卵圆形，大者壳高 20 mm，壳宽 8 mm，壳质结实。螺层约8 层，缝合线明显，螺层较膨起。螺旋部呈圆锥形，体螺层膨胀，前端略收缩。壳面除上部少数螺层具有弱的纵肋、基部有螺旋沟纹外，其余壳面光滑，在近壳口处常有一纵走隆起。壳面被有黄色薄的壳皮，壳呈灰黄色或淡褐色，具有火焰状或网目状褐色花纹，花纹常有变化，在缝合线下面、体螺层中部常有一白色和褐色斑交替的螺带。壳口大，内呈深褐色，稍内有细的肋（幼体无），外唇薄，稍曲。内唇厚，紧贴于壳轴上，无明显的雕刻。厣角质，少旋，核位于中部外侧。

生态分布： 生活在潮间带及浅海，常与丽核螺栖息在一起，但数量较少，为少见种。

28. 丽核螺 *Mitrella bella* (Reeve, 1859)

标本采集地：金山咀、北港、咀东、前徐。

形态特征：贝壳小，壳高 17 mm，壳宽 7 mm，呈纺锤形，壳质结实、螺层约 9 层，缝合线细。螺旋部呈尖塔形，体螺层基部收缩。壳表面除胚壳、2～3 层具有弱的纵肋及基部具有弱的螺旋沟纹外，其余壳面光滑，并备有薄的黄色壳皮。壳呈黄白色，具有褐色或紫褐色纵走的火焰状花纹，通常花纹上部粗而少，下部细而多。花纹有变化。壳口小，内呈黄白色，内缘有小齿，外唇厚，下部略向外扩张。内唇稍厚，其上有 2 个不明显的齿状凸起。前沟短，呈缺刻状。厣角质，呈黄褐色，少旋，核位于下端。

生态分布：生活在潮间带和稍深的浅海，河北省近海都有分布，为常见种。

蛾螺科 Buccinidae

贝壳呈卵圆形或纺锤形，壳质通常坚厚，结实。螺旋部低，体螺层膨大。贝壳表面具薄的壳皮，其上或具短的绒毛。壳面常较光滑，也有的结节突起或螺肋，颜色较简单。前沟长或短，外唇简单或厚，内唇薄或厚。厣角质，呈棕色，长卵圆形，少旋，核位于中央、前端或外侧边缘。

足相当宽大，前端呈截形。眼位于触角外侧。水管及齿舌带均较长。中央齿宽短，具 3 ~ 7 个齿尖，侧齿通常具有 2 ~ 3 个齿尖，也有多至 7 个者。

本科动物种类较多，分布也很广泛，由热带至寒带、从潮间带至深海都有它们的踪迹。因种类的不同，分别栖息在岩石、珊瑚礁、泥沙和软泥等不同的环境。在我国沿海，由潮间带至水深 100 多米的海底都曾发现，本科动物经济意义较大，如香螺、泥东风螺等，肉均可食，或兼药用。

29. 皮氏蛾螺 *Voidutharpa ampullacea perryi* (Jay, 1857)

标本采集地：滦河口外，底拖网。

形态特征：贝壳呈卵圆形，壳高 67 mm，壳宽 38 mm，壳质薄，易破损。螺层约 6 层，缝合线细，稍深。螺旋部低小，体螺层大，膨圆。壳面具有纵横交叉细的线纹，线纹在次体层以下不明显，被有黄褐色生有绒毛的壳皮，易脱落。生长纹细，有时呈褶皱状。壳口大，内呈灰白色，外唇薄，弧形。内唇较扩张，紧贴于体螺层上。前端短，呈 "V" 字形缺刻，绷带发达，具假脐。厣角质，呈卵圆形，很小（长约 3.5 mm，宽约 2 mm），位于足的背部末端附近，核位近中央。

生态分布：生活在潮下带水深 18 ~ 30 m 的泥沙质海底。主要分布在河北省近海的中东部海区，为较常见种。

30. 甲虫螺 *Cantharus cecillei* (Philippi, 1844)*

标本采集地：金山咀。

形态特征：贝壳呈纺锤形，壳高 32 mm，壳宽 18 mm，壳质坚厚。螺层约 8 层，缝合线浅，呈波纹状。螺旋部较小，呈圆锥形，体螺层大前端收缩。壳面较膨胀，具发达的纵肋和细的螺肋，纵肋粗壮，在体螺层上有 6 ~ 10 条，通常以 8 条者较多；

螺肋排列紧密，但强弱不同，故壳面较粗糙。壳面被有生短绒毛的黄褐色壳皮。壳多为黄褐色（潮下带标本色较淡），或具褐色或白色断续的色带，壳色有变化。壳口较小，呈卵圆形，内白色，外唇边缘有厚的镶边，内缘具齿。内唇薄，基部具褶纹。前沟较短，半管状。厣角质，呈洋梨形，少旋，核位于中央。

生态分布： 多生活在潮间带中、低潮区岩石的缝隙间或石块下面。分布于金山咀至老龙头岩礁、沙砾底质的潮间带及浅海，为较常见种。

织纹螺科 Nassariidae=Nassidae

贝壳呈长卵圆形，较小，壳质坚固。螺旋部呈尖圆锥形，体螺层大。壳面通常具雕刻或光滑，颜色变化不大，常具色带。壳口呈卵圆形，外唇厚，内缘具齿状凸起，外唇边缘稍靠下，常具刺状尖齿。内唇光滑或具结节。前沟呈缺刻状。厣角质，边缘常具齿状缺刻。

足宽大，后端常分叉，分成 2 个尾状物。水管长，眼位于触角基部的外侧。

本科动物完全海产，分布于世界各海域，主要生活在潮间带及浅海泥沙质的海底，我国南北沿海均有踪迹，但北方沿海的种类较少。肉食性，常以其他动物腐烂尸体为食，故有"清道夫"之称，肉可食。

31. 纵肋织纹螺 *Nassarius* (*Varicinassa*) *variciferus* (A. Adams, 1851)

标本采集地： 北港、咀东、南排河。

形态特征： 贝壳呈长卵圆形，壳高 29 mm，壳宽 14 mm，螺层约 9 层，缝合线较深，各螺层的高、宽度增长均匀，螺旋部呈圆锥状，体螺层大。壳顶 1～3 层，光滑，其余各螺层刻有精致的纵肋和细的螺旋纹，纵肋接近肩部为一环结节突起。螺旋纹在贝壳上部较弱，在体螺层基部较发达。纵肿脉常在各螺层下不同部位出现。壳面呈淡黄色或黄白色，具褐色螺带，螺带在螺旋部为 2 条，体螺层为 3 条。壳口为卵圆形，内呈黄白色，影印有褐色螺带，外唇薄，边缘上具有细的齿状缺刻，内缘通常有 6 个齿状凸起。内唇弧形，上部薄，下部稍厚，边缘常有凸起。前沟短。厣角质，薄，黄褐色，外缘具齿状缺刻。

生态分布： 生活在软泥、泥沙底质的潮间带及浅海。主要分布在河北省近海的中西部海区，为常见种。

32. 红带织纹螺 *Nassarius (Zeuxis) succinctus* (A. Adams, 1851)

标本采集地： 北堡、涧河、南排河。

形态特征： 贝壳略呈纺锤形，壳高 20 mm，壳宽 9.5 mm，壳质结实。螺层约 9 层，缝合线明显。螺旋部较高，体螺层中部膨胀，基部收缩。胚壳光滑，其下一螺层光滑但中部具棱角，在下数层具纵肋和螺肋，二者交叉形成方格状；其他螺层上的纵肋和螺肋不明显或光滑，通常只有在缝合线下方有一条和体螺层基部有清楚的螺旋沟纹。壳面黄白色，体螺层上有 3 条红褐色螺带，其他螺层为两条螺带。壳口为卵圆形，内呈淡黄褐色，3 条螺带清晰可见，并有 6 ～ 7 条肋纹，外唇薄，边缘的前部向内凹陷，并有锯齿状缺刻。内唇弧形，薄，接近后端具齿状突起。前沟短宽，呈"u"字形，后沟窄。厣角质。

生态分布：从潮间带的中潮区、低潮区至 30 m 水深的泥沙及沙泥质海底都有栖息。主要分布在河北省近海中西部海区，为常见种。

33. 半褶织纹螺 *Nassarius (Zeuxis) semiplicatus* (A. Adams, 1852)

标本采集地：岐口。

形态特征：贝壳呈卵圆形，壳高 21 mm，壳宽 11 mm。螺层约 8 层，缝合线明显。螺旋部呈圆锥形，体螺层较大，基部收缩。各螺层上具有窄的肩角，壳顶光滑，常被腐蚀，其余壳面具有纵肋多条，纵肋在体螺层背部右侧多光滑不显，在纵肋之间具有细的螺肋形成布状纹。在螺层的肩部常具有弱的结节凸起，体螺层基部具有螺肋。壳面被有黄褐色薄的壳皮，壳呈黄白色，具有紫褐色螺带，螺带在体螺层为 3 条，前面的 2 条界限不清楚。壳口呈卵圆形，内黄白色，3 条螺带可见，外唇薄，内缘具齿状突起。内唇微向外延伸，内缘具弱的突起，接近内唇后端具一肋状凸起。前沟短，呈缺刻状。犀角质。

生态分布：多生活在软泥、泥沙质的滩涂上。主要分布在渤海湾西部沿海潮间带，为较常见种。

34. 秀丽织纹螺 *Nassarius (Reticunassa) festivus* (Powys, 1835)

标本采集地：北港、高尚堡、南排河。

形态特征：贝壳呈长卵圆形，壳高 22 mm，壳宽 11 mm，壳质坚实。螺层约 9 层，缝合线明显，微呈波状。螺旋部呈圆锥形，体螺层稍大。壳顶光滑，其余壳面具有发达的纵肋和细的螺肋，纵肋在体螺层上有 9～12 条；螺肋在体螺层上有 7～8 条，次体层有 3～4 条。纵肋与螺肋相互交叉形成粒状突起。壳面呈黄褐色（有变化），具褐色螺带，在体螺层上有 2～3 条。螺肋间沟底有的呈紫褐色。壳口呈卵圆形，内黄色或褐色，有褐色螺带，外唇薄，内缘具粒状齿。内唇上部薄，下部稍厚。并向外延伸遮盖脐部，内缘具 3 ～ 4 个粒状的齿。前沟短而深。厣角质。

生态分布：生活在潮间带泥和沙泥底质的海滩上。主要分布在河北省近海中西部海区，为常见种。

35. 西格织纹螺 *Nassarius siquinjorensis* (A. Adams)

标本采集地：新开口、洋河口。

形态特征：贝壳呈卵圆形，壳质较坚厚，壳高 28 mm，壳宽 15 mm。螺层约 10 层，缝合线较深，螺层呈阶梯状。壳面刻有比较发达的纵肋和细弱的螺旋纹。纵肋和螺旋纹在体螺层中部，一般不清晰，而基部明显。在缝合线的紧下方有一条较深的螺旋沟，把纵肋的上端划成一列结节状凸起。壳表呈黄白色，杂有褐色斑，在体螺层上有 3 条褐色色带。壳口呈卵圆形，内面淡黄色，具有 10 余条明显的肋纹。外唇弧形，下方多少向外反折，边缘具 10 余个齿尖状凸起，位于下端者比较发达。内唇较薄，贴于壳轴上，外侧边缘游离，内缘具许多褶叠，褶叠在上、下两端者较发达。绷带明显，与体螺层的基部之间形成一道深沟。前沟短而深，后沟小。具角质厣。

生态分布：生活在水深数米至数十米的沙或泥沙质海底，见于河北省东部近海，为较常见种。

36. 光织纹螺 *Nassarius rutilans* (Reeve)

标本采集地：南排河，底栖生物拖网。

形态特征：贝壳呈卵圆形，壳质稍薄，壳高 33 mm，壳宽 17 mm。螺层约 9 层，缝合线深。螺旋部较细小，体螺层甚宽大，壳面较膨胀。在壳顶部数层的壳面上具有纵肋和细螺旋沟纹，其他螺层除体螺层基部有 10 余条和在缝合线紧下方有一条沟纹外，其余部分均很光滑。壳面呈淡黄白色，在体螺层隐约可见 3 条很淡的褐色色带。壳口呈卵圆形，内面淡褐色，外缘白色，刻有 10 余条明显的肋纹。外唇弧形，基部有 5 枚或 6 枚尖齿。内唇紧贴于壳轴上，内缘有许多皱褶，其中上方第一褶较明显。前沟短而深，呈"V"字形，后沟为一较深的缺刻。绷带稍肿胀，不发达。具角质厣。

生态分布：生活于潮间带至浅海，分布在渤海湾西部软泥、泥沙底质的浅海，为不常见种。

37. 群栖织纹螺 *Nassarius* (*Reticunassa*) *gregarius* (Grabau & King, 1928)

标本采集地：北戴河、岐口，底栖生物拖网。

形态特征：贝壳小型，壳高 8 mm，壳宽 3.7 mm，较细瘦，壳质结实。螺层约 9 层，缝合线较深，细螺层较膨圆。螺旋部呈圆锥形，体螺层较大。壳顶 1 ～ 2 层光滑，第 3 层具有极细的纵肋，其余螺层具有较强的纵肋及极细的螺肋，在体螺层上纵肋约有 11 条，螺肋约有 8 条，在次体层螺肋有 4 条。纵肋与螺肋相互交叉形成结节凸起。壳面呈黄白色，在体螺层上具有紫褐色螺带 2 条。壳口呈卵圆形，外唇薄，内缘靠下具有粒状小齿。内唇接近末端具肋状齿，前部唇缘遮盖脐部。前沟短，厣角质。

生态分布：生活在潮间带水深 20 m 的泥沙及软沙泥质的海底，为较常见种。

38. 方格织纹螺 *Nassarius clathratus (Lamarck)*

标本采集地：滦河口、新开口。

形态特征：贝壳粗短，略呈球形，壳质坚硬，壳高 29 mm，壳宽 20 mm。螺层约8层，缝合线深，呈宽沟状。螺旋部较低瘦，体螺层特别膨大。壳面刻有纵横交叉的深沟，形成许多发达的结节突起。结节突起近方形，每一横列约有 20 个，在体螺层通常有 10 横列。壳表呈灰白色，杂有黄褐色污斑。壳口呈卵圆形，内面白色，前沟深，呈"U"字形，后沟浅。外唇弧形，边缘具 10 个小的尖齿，内面具有 10 条强壮的肋。内唇扩张形成滑唇，滑唇的外侧相当厚，成为一条纵肋。内唇上具有许多颗粒突起，上端有一褶叠。纵带略呈四方形，上面刻有螺纹。

生态分布：生活在砂质海底的浅海，分布于河北省近海东部，为少见种。

衲螺科 Cancellariidae

贝壳从小到中等大，呈卵圆形，壳质较厚，结实。螺旋部较小，呈圆锥形，体螺层大。壳面通常具纵肋及细的螺肋。壳口呈卵圆形，或较窄，轴唇具肋状褶襞，前沟短，无厣。触角长，眼位于触角基部外侧。吻短。足中等大。水管很短。咽头具囊状对生腺体。齿多变化，齿式为 1·0·1。

本科动物从潮间带至潮下带泥沙质的海底均有其踪迹。在我国南北沿海均有，但种类不多。

39. 金刚螺 *Sydaphera spengleriana* (Deshayes, 1830)

标本采集地：河北省近海，底栖生物拖网。

形态特征：贝壳呈卵圆形，壳质结实，壳高 60 mm，壳宽 32 mm。螺层约 7 层，每层的上部具肩角，肩角与缝合线之间有一较宽的台阶。缝合线浅，呈波纹状。螺旋部呈圆锥形，体螺层膨大，基部略向背方倾斜。壳顶 1 ~ 2 层光滑，其余壳面具有稍斜而发达的纵肋和细的螺肋。壳面较粗糙，呈黄褐色，具有不均匀的紫褐色斑块，体螺层中部有一条白色的螺带，壳口呈卵圆形，内淡杏黄色，常印有褐色斑。外唇弧形，内缘具小齿，再内有细的肋纹。轴唇具3个肋状的褶襞，假脐部分被滑层遮盖，绷带发达。

生态分布：从潮间带低潮区至水深 30 m 的泥沙质海底都有栖息，河北省近海都有分布，为较常见种。

 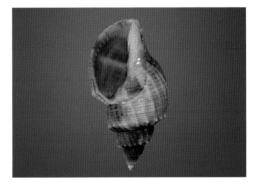

40. 白带三角口螺 *Trigonaphera bocageana* (Crosse et Debeaux, 1863)

标本采集地：河北省近海，底栖生物拖网。

形态特征：贝壳为长卵圆形，壳质结实，壳高 27.6 mm，壳宽 14 mm。螺层约 7 层，螺旋部呈圆锥形，体螺层膨大。在每一螺层的上部有一台阶状的肩部。壳表面具有细的螺纹和发达的纵肋，纵肋在体螺层上有 8 条，延伸至肩部微突出。壳面呈黄褐色（深浅有变化），其上有明显或不明显细的红褐色螺纹，在体螺中部通常具一条白色螺带。壳口近三角形，内缘有 8 ~ 9 枚小齿，外唇向外扩张。内唇较直，中部有 3 个发达的褶襞。脐孔被内唇滑层遮盖，假脐发达。

生态分布：生活在潮下带水深 8 ~ 30 m 的软泥及泥沙质海底，在潮间带低潮区偶尔也有发现，河北省近海皆有分布，为较常见种。

塔螺科 Turridae

贝壳长锥形或纺锤形，壳从小型至中等大，壳质通常结实，螺层多。螺旋部呈塔形，体螺层稍膨大。壳表面通常具螺肋和纵肋，颜色较简单。壳口呈卵圆形或较窄，大多数种类，在外唇后端有一缺刻（形状、深浅、位置因种类不同而异），前沟长或短。厣角质。

足前端呈截形，后端钝圆。触角柱状，眼位于触角外侧靠近基部。齿舌的齿弯曲，镰刀状，齿式 1·0·1。

本科动物广泛分布在世界各海域，从寒带至热带、从潮间带至深海都有它们的踪迹，种类较多。从潮间带采到的标本多是小型的种类，个体稍大些的多栖息在潮下带。我国沿海均有分布，种类也不少。

41. 亚耳克拉螺 *Clathurella* (*Etremopa*) *subauriformis* (Smith, 1879)

标本采集地： 金山咀。

形态特征： 贝壳小，呈长锥形，壳高 10 mm，壳宽 3.3 mm，壳质结实。螺层约 10 层，中部较膨胀，上部具肩角，螺层的高宽度增长均匀，缝合线深。螺旋部稍高于体螺层。壳顶 1 ~ 3 层光滑，第 3 层中部具一弱的龙骨，其余螺层具纵肋和细的螺肋，在体螺层纵肋有 14 ~ 18 条，细的螺肋有 15 ~ 18 条，次体层螺肋有 4 ~ 6 条（6 条者少），上部螺层主要螺肋有 2 ~ 3 条，每层的螺肋上面的一条较强。壳面由于纵肋与螺肋相互交叉又形成细小的粒状凸起。壳色黄白，在缝合线下面有一条褐色螺带，螺带在体螺层为 2 条，体螺层下部通常为褐色。壳口窄长，外唇厚，接近后端具一较深的缺刻，内缘具粒状小齿，外唇内外边缘为褐色。内唇薄，轴唇具清楚或不清楚的小结节，呈褐色。无脐，前沟短。

生态分布： 生活在砂质的浅海，主要分布在秦皇岛近海，为较少见种。

42. 假主棒螺 *Crassispira pseudoprinciplis* (Yokoyama, 1920)

标本采集地： 河北省近海，底栖生物拖网。

形态特征： 贝壳较小，壳高 31 mm，壳宽 9 mm，近纺锤形，壳质结实。缝合线明显，螺层约 14 层，中部稍膨圆，各螺层的高、宽度增长均匀，上部具钝的肩角。螺旋部塔尖形，体螺层中部膨胀，前端收缩。壳顶 1 ~ 3 层光滑，其余各层具有略呈波纹状的纵肋和细的螺线，纵肋在体螺层上有 16 ~ 19 条，肋间具细的螺线。肩部上方，除在缝合线下方有 1 条螺肋外，其余为较密的螺线，螺线在体螺层上较强，成为细的螺肋，螺肋与纵肋交叉形成弱的结节。壳面呈黄褐色，具白色的螺带。壳口长，前端窄，外唇薄，接近后端具"V"字形缺刻，内唇较厚，贴于轴唇上。前沟短，前端略扭曲，呈截形。无脐。厣角质，呈黄褐色，少旋，核位于下端。

生态分布： 生活在潮下带水深 10 ~ 30 m 的沙及泥沙质海底。河北省近海有分布，为常见种。

43. 细肋蕾螺 *Gemmula deshayesii* (Doumet, 1839)

标本采集地： 河北省近海，底栖生物拖网。

形态特征： 贝壳呈塔形或花蕾形，壳质结实，壳高 64 mm，壳宽 19 mm。缝合线细、明显，螺层约 15 层，各层的高、宽度增长速度缓慢、均匀，中部较隆起。螺旋部呈尖塔形，体螺层中部膨起，前部收缩。胚壳小，光滑，其下有两层具稀疏的纵肋，其余螺层具有许多光滑而细的螺肋。在各螺层的中部有 2 条螺肋并列及其下面有 1 条或 2 条较强的螺肋。生长纹细密，壳面呈黄褐色。壳口呈卵圆形，内白色，外唇薄，易破损，接近后端有一呈"V"字形的缺刻。内唇薄，轴唇稍扭曲。前沟延长，呈半管状。厣角质，呈洋梨形，褐色，少旋，核位于下端。

生态分布： 生活在潮下带浅海泥沙及软泥质的海底，河北省近海有分布，为较常见种。

44. 黄短口螺 *Inquisitor flavidula* (Lamarck, 1822)

标本采集地： 岐口、南排河。

形态特征： 贝壳呈塔尖形，壳高 52 mm，壳宽 17 mm，壳质结实。螺层约 14 层，缝合线明显，螺层中部膨圆，具弱的肩角。壳顶尖，螺旋部呈塔形，体螺层中部膨圆，前部收缩。壳顶 1～2 层光滑，第 3 层已具纵肋，其余螺层具有明显的纵肋和细的螺肋，纵肋在体螺层大约有 13 条，但在肩部以下常变弱或不显。各螺层肩部以上具平滑细密的螺线，其以下为细的螺肋，螺肋在次体层为 4～5 条，通常上面的 2 条明显。壳面呈黄白色，具纵走褐色细的线纹及斑点。壳口呈长形，内淡褐色或白色，外唇薄，弧形，接近前端边缘向内凹入，接近后端具一呈"V"字形较深的缺刻。内唇较厚，接近后端具一结节突起。前沟稍延长，前端略扭曲。无脐。厣角质，叶状，褐色，少旋，核位于下端。

生态分布： 生活在潮下带浅海，软泥及泥沙质海底，分布于渤海湾西部的浅水区，为较少见种。

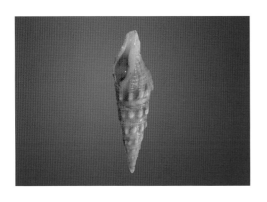

45. 拟腹螺 *Pseudoetrema fortilirata* (Smith, 1879)

标本采集地：岐口、涧河。

形态特征：贝壳细长，近塔形，个体较小，通常壳高 11 mm，壳宽 3.5 mm。螺层约 12 层，缝合线细，螺旋部较体螺层高，螺层高、宽度增长均匀。壳顶 1 ~ 3 层光滑，但第 3 层中央具一细的龙骨突起，其余壳面具有稍斜的纵肋和强弱不同的细螺肋。纵肋在细螺层约有 10 条，较强的螺肋约有 5 条，通常有细的间肋，在周缘下部有 8 ~ 9 条细弱的螺肋。较强的螺肋穿过纵肋形成结节突起。壳面呈淡黄色。壳口窄微曲，内呈黄褐色，外唇薄，接近后端具稍深的缺刻。内唇薄、无脐，前沟短，微曲。

生态分布：生活在潮下带软泥底质的浅海，分布于渤海西部的浅水区，为较少见种。

46. 肋芒果螺 *Mangelia costulata* (Dunker, 1860)

标本采集地：北戴河、新开口，采泥。

形态特征：贝壳小，大者壳高 12 mm，壳宽 3.7 mm，呈纺锤形，壳质结实。螺层约 7 层，稍膨圆，在每一螺层上部具有弱的肩角，缝合线较深。壳顶光滑，其余螺层具有较强的纵肋及粗细不同的螺肋，纵肋在体螺层约有 9 条，细的螺肋穿过纵肋形成弱的结节，在纵肋之间呈网目状。壳面呈白色或黄白色，在缝合线下面有一条褐色螺带，螺带在体螺层为2条，较明显，第2条螺带下面常呈黄褐色。壳口窄长，外唇厚，其后端接近缝合线处具一浅的缺刻。内唇稍厚，紧贴轴唇上。无脐，前沟短。

生态分布：生活在朝下带的浅海，分布在河北省东部近海。为少见种。

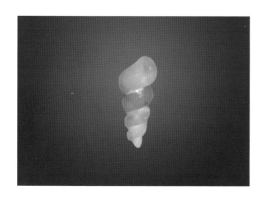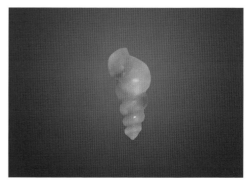

笋螺科 Terebridae

贝壳呈尖锥形或笋状，壳质结实，螺层多，螺旋高，体螺层相当低。贝壳表面光滑或具纵肋及螺旋肋纹，在螺层的中上部，常具一明显或不明显的螺旋沟痕，将螺层分为上下两部分，壳表面常具花纹。壳口呈梨形。前沟短，呈缺刻状，轴唇常具褶襞，绷带明显，厣角质。

动物触角小，柱状，眼位于触角末端。足小，呈椭圆形，前端边缘具沟。水管长。齿舌具2行锥状弯曲的齿，末端常具沟，齿式1·0·1。

本科动物完全海产，生活在细砂和泥沙质的海底，从潮间带至水深150 m的海底都曾发现。本科动物生活时能潜入不深的沙内。

47. 朝鲜笋螺 *Terebra (Diplomeriza) koreana* (Yoo, 1976)

标本采集地：河北省近海，底栖生物拖网。

形态特征：贝壳呈尖锥形，壳质结实，壳高78 mm，壳宽18 mm。螺层约16层，缝合线浅，螺层的高、宽度增长均匀。螺旋部呈高塔形，体螺层低，中部稍膨胀。壳顶1～2层光滑无肋，其余螺层具有略呈波状、均匀的纵肋，纵肋在成体后部明显，向前逐渐减弱或不显。在每一螺层上部有一细的螺沟，螺沟在前部数层变成较宽较浅的缢痕。体螺层基部具有3～5条近串珠状细的螺肋。壳面呈淡紫色，在每一螺层底部及体螺层中部有1条白色螺带，螺带在低龄的个体通常较宽，成体较窄。壳口长，内呈紫色，具白色色带，外唇薄，具淡褐色镶边。内唇稍厚，绷带发达。前沟短，呈缺刻状，扭曲。厣角质，呈洋梨形，少旋，核在下端。

生态分布：生活在沙和泥沙质的浅海，从潮间带至水深 30 m 处都有发现。河北省近海有分布，为较常见种。

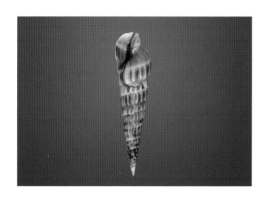
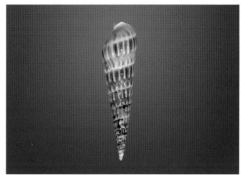

48. 粒笋螺 *Terebra* (*Triplostephanus*) *pereoa* (Nomura, 1935)

标本采集地：河北省近海，采泥。

形态特征：贝壳较小。壳高 18 mm，壳宽 4.4 mm，呈尖塔形，壳质结实。螺层约 15 层，中部凹，缝合线细，螺层的高、宽度增长均匀。螺旋部甚高，体螺层低矮。壳顶 2.5 层光滑，其余各层具有大小不同结节凸起的螺肋 3 条，上面的 1 条强，下面的 2 条细弱，最下面的 1 条常不完全露在外面。在体螺层的基部有 1 条细的螺沟。壳面呈淡褐色，在缝合线下面有 1 条白色螺带，老壳多呈灰白色，螺带不显。壳口小，可见白色螺带，外唇薄。内唇稍厚，呈褐色。前沟短，稍曲，厣角质。

生态分布：从潮间带至水深 30 m 的沙和沙泥质海底都有栖息，河北省近海有分布，但不多见。

49. 环沟笋螺 *Terebra bellanodosa* (Grabau & King, 1928)

标本采集地：北港、咀东。

形态特征：贝壳呈尖锥形，壳高 36 mm，壳宽 7 mm，壳质结实。螺层约 15 层，缝合线细沟状，螺层高、宽度增长均匀。螺旋部高，体螺层低，稍膨大。壳顶 1 ～ 2 层光滑无肋，在每一螺层的中上部具一带状浅凹痕，将螺层分为上下两部分，上部具一串珠状螺肋，下部具纵肋，纵肋上具珠状突起，在体螺层上纵肋有 13 ～ 16 条。细的螺肋有 8 ～ 9 条，次体螺层有螺肋 3 ～ 4 条。壳面呈褐色或黄褐色，在缝合线上面有 1 条白色螺带，壳口呈长卵圆形，内有一白色色带，外唇薄，常破损。内唇稍厚，贴于轴唇上，无脐，前沟短，稍向背方扭曲。

生态分布：生活在潮间带及稍深的沙或泥沙质海底。河北省近海有分布，为较常见种。

 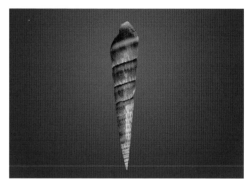

50. 笋螺属 Terebra sp.

标本采集地：金山咀、岐口。

形态特征：贝壳呈尖锥形，壳高 45 mm，壳宽 9 mm，壳质结实。螺层约 16 层，中部凹，缝合线稍深，螺层的高、宽度增长均匀。螺旋部呈高尖塔形，体螺层较低，中部稍膨胀。壳顶 1 ～ 3 层光滑，其余螺层中部有一凹痕，将螺层分为上下两部分，上、下部各具短的纵肋，纵肋在体螺层有 19 ～ 20 条。体螺层基部具有 4 ～ 5 条细珠状的螺肋。壳面呈褐色，在缝合线上下有一条白色螺带。壳口呈卵圆形，内紫褐色，中部具白色色带，外唇薄，具黄褐色镶边。内唇稍厚，呈白色。前沟短，稍扭曲。厣角质，呈黄色，透明，少旋，核近下端内侧。

生态分布：生活在潮间带沙或沙泥质海滩，河北省近海有分布，为较常见种。

51. 白带笋螺　*Terebra* (*Noditerebra*) *dussumieri* (Kiener, 1839)

标本采集地：北戴河、新开口。

形态分布：贝壳中等大，壳高 78 mm，壳宽 15 mm，呈长尖锥形。螺层约 16 层，缝合线浅，明显，螺层的高、宽增长均匀。螺旋部高，约占壳高的 1/3。体螺层短。壳顶光滑，其余壳面具有光滑的纵肋，纵肋在体螺层上部有一浅细的螺沟，将壳面分为上下两部分，上部的高度约占螺层的 1/3。壳面呈淡黄色，肋间呈褐色或紫褐色，有一条明显的白色螺带，沿着缝合线旋转直至壳的下部。壳口窄，近半圆，内呈褐色，具白色色带，外唇薄。内唇稍厚，绷带发达。厣角质，呈洋梨形，少旋，核在下端。

生态分布：生活在沙和沙泥质的浅海，分布于河北省东部近海，较常见。

异腹足目 Heterogastropoda

　　贝壳呈塔形、球形或低圆锥形，壳质厚或较薄。贝壳表面通常具纵肋、螺肋呈布纹状或颗粒状突起，有的种类壳面光滑无雕刻。胚壳多为右旋，亦有左旋者。脐孔有或无。厣角质，少旋或多旋；有的厣为石灰质，呈螺旋形；有的种类无厣。

本目动物，有的营底栖生活，有的营浮游生活，广泛分布于世界各海区，从潮间带至潮下带均有其踪迹，在我国沿海都有它们的分布。

梯螺科，原放在中腹足目内，因齿舌等不同的复杂关系而列入本目中。

梯螺科 Epitoniidae=Scalariidae Scalidae

贝壳呈圆锥形或塔形，壳质较薄，结实，缝合线通常较深，螺层膨圆。螺旋部高，体螺层低或膨圆，贝壳表面具有强或弱、密或疏的片状纵肋或螺线。壳面通常呈白色或具褐色螺带。壳口完全，呈圆形或亚圆形。脐孔有或无。厣角质，多旋。

头、吻短，足前面截形，在头以外延长。水管不发达。触角长，眼位于触角基部的外侧。仅一个鳃。齿舌由一横列组成，钩状或针状，无中央齿。

本科动物分布很广，从寒带至热带、潮间带至深海都有它们的踪迹，但多在浅海栖息，为肉食性种类，同时也是其他动物的饵料，如在马面鲀鱼胃内即发现有它们的贝壳。本科动物如受到干扰或刺激时能放射出紫色液体。

52. 不规逆梯螺 *Cirratiscala irregularis* (Sowerby, 1844)

标本采集地：涧河口外，采泥。

形态特征：贝壳近塔形，壳质较薄，壳高 18 mm，壳宽 8 mm。螺层约 9 层，缝合线深，螺层膨圆，各螺层的宽度增长速度较快，高度增长均匀。螺旋部呈高塔形，体螺层膨大。壳顶呈乳头状，光滑，其余壳面具有许多高、低、距离不规则纵走薄片状纵肋，纵肋在体螺层上约有 30 条。壳面呈白色。壳口近圆形，完整，边缘微向外翻卷。具脐孔，未见厣。

生态分布：栖息于软泥质的浅海。仅在渤海湾西部海域发现 1 个标本，为少见种。

53. 尖高旋螺　*Acrilla acuminata* (Sowerby, 1844)

标本采集地： 前徐。

形态特征： 贝壳呈尖锥形，壳高 41 mm，壳宽 11 mm，壳质薄，常破损。螺层约 15 层，缝合线细，明显，螺层中部膨圆。螺层的高、宽度增长均匀，壳顶尖，易破损。螺旋部很高，体螺层低。贝壳表面有略呈波状、距离不均匀而光滑的细纵肋，纵肋在体螺层约有 39 条，并有不明显的螺旋沟纹，在体螺层基部具有一较明显而细的螺旋肋。胚壳呈白色，其余壳面为淡黄褐色，螺层中部有 1 条黄白色的螺带，螺带在体螺层为 2 条。壳口为亚圆形，外唇边缘薄，常破损。内唇滑层稍厚，呈白色。无脐孔。厣角质，呈黄褐色，半透明，核位于内侧的下部。

生态分布： 生活在潮间带至水深 30 m 的泥沙及软泥质海底，主要分布在河北省近海东部和西部海区，为较常见种。

54. 习氏阿蚂螺　*Amaea thielei* (De Boury, 1913)

标本采集地： 南排河，底栖生物拖网。

形态特征： 贝壳呈尖塔形，壳质薄，壳高 33 mm，壳宽 10 mm。螺层约 14 层，缝合线深，螺层膨圆。壳顶尖细，常破损。螺旋部高，体螺层低。壳表面具有距离不等而细密的纵肋，纵肋在体螺层上数目有变化，34 ～ 54 条。在每一螺层，约 1/3 处具有细的螺线，螺线同纵肋。交叉形成方格状，螺线在体螺层上有 7 ～ 11 条，其间距离有的不等，在体螺层的基部有一明显的螺肋。壳面呈灰白色。壳口近圆形，外缘厚，并向外翻卷。内唇滑层厚，遮盖脐孔，白色。厣角质，呈黄褐色，半透明，核位内侧中部靠下。

生态分布： 生活在潮下带软泥质的海底，分布在渤海湾西部黄骅近海。为不常见种。

55. 尖光梯螺 *Glabriscala stigmatica* (Pilsbry, 1911)

标本采集地：秦皇岛、北戴河，采泥。

形态特征：贝壳呈尖塔形，壳高 23 mm，壳宽 8.6 mm，壳质薄而坚，螺层约 11 层，缝合线深，螺层膨圆，各螺层高、宽度均匀。壳顶尖细，常破损，螺旋部高，体螺层低。胚壳及第二层光滑，其余螺层具稍斜走而精致的纵肋，纵肋延至缝合线与下一螺层的纵肋相连接，纵肋在体螺层为 8 ~ 10 条，以 8 条者较多。纵肋之间呈灰白色，布有不规则的褐色斑，纵肋白色。壳口近圆形，周缘加厚，呈白色，并向外翻卷。脐孔被内唇遮盖。厣角质，呈黄褐色，半透明，核位内侧中部靠下。

生态分布：生活在浅海，分布于河北省近海东部海区，为少见种。

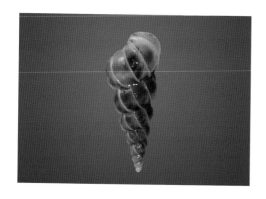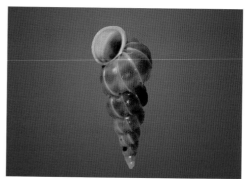

56. 横山薄梯螺 *Papyriscala yokoyamai* (Suzuki & Ichikawa, 1936)

标本采集地：新开口，采泥。

形态特征：贝壳形状近似塔尖形，较小，壳高 6 mm，壳宽 4 mm，壳质薄，近透明。螺层约 7 层，缝合线深，螺层膨圆。螺旋部的高、宽度增长速度均匀，至体螺层增长速度较快。壳顶尖，常破损。螺旋部呈圆锥形，体螺层膨大。壳顶 1 ~ 2 层光滑无肋，其余螺层有低而薄的片状纵肋，纵肋在体螺层约有 21 条。壳面呈灰白色，后部为淡黄褐色，并被有淡褐色螺带，螺带在体螺层上为 2 条；一条缝合线下面；另一条在贝壳基部。壳口大，近圆形，完整，边缘稍厚，脐孔部分被内唇滑层遮盖。未见厣。

生态分布：生活在细砂质的浅海，分布于昌黎近海，为少见种。

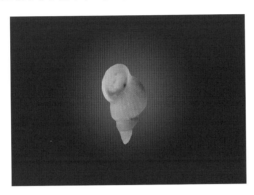

57. 次阿蚂螺 *Amaea secunda* (Kuroda & Ito, 1961)

标本采集地：北戴河，采泥。

形态特征：贝壳呈尖塔形，壳高 22 mm，壳宽 8.4 mm 壳顶薄脆，易破损，螺层 8 层，缝合线深，螺层膨圆。螺旋部呈高塔形，体螺层较低。贝壳表面具有低细纵肋和细的肋线，螺线在缝合线下面常较弱或不显。壳面和壳口均呈白色。壳口近圆形。

生态分布：生活在水深 10 ~ 20 m 的泥沙及软泥质海底，分布于河北省东部近海。为较少见种。

 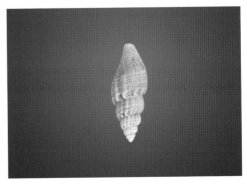

后鳃亚纲 Subclass Opisthobranchia

肠蜒目 Entomitaeniata=Pyramidellomorpha

本目多数种类的贝壳为小型—中型，少数种类为大型。呈卵球形—高塔形。通常为白色，或有色带、色斑。薄质易破碎或厚质相当坚固。多数种类螺旋部非常高，螺层较多。胚壳乳头状，平滑，左旋。壳表平滑、光泽或有颗粒状突起或具有螺旋肋或纵肋。体螺层小。壳口小，呈卵形或方形。外唇简单，内唇平滑或有褶襞，轴唇厚，常有 1 ～ 3 个褶齿。厣薄，革质，呈卵圆形，少旋型。软体有头楯，触角平滑，眼位于头楯中央触角之间。成体本鳃消失。雌雄同体，两性生殖孔分开。没有齿舌和颚片。口吻发达。多数种类营半寄居生活，用口吻吸吮贝类、蠕虫、多毛类等寄主或生活于潮间带—潮下带细砂、泥沙质底。

小塔螺科 Pyramidellidae

本目多数种类的贝壳为小型—中型，少数种类为大型，呈卵圆形—尖塔形（高圆锥形）或呈笋螺形。通常螺旋部高，有多数螺层，胚壳左旋，平滑。壳表平滑或有纵长的脊褶、颗粒或螺旋肋，或两者都有。通常呈白色或有螺旋色带或斑块。缝合线清楚或呈格子状凹沟。壳口小，呈卵圆—方形。外唇薄，简单内唇平滑或有褶襞，唇轴厚常有 1 ～ 3 褶襞。厣薄，革质，呈卵圆形，少旋型。动物有头楯和触角，触角外侧有裂沟，两触角之间有小的眼。雌雄同体，两性生殖孔分开。生活于潮间带到水深数十米的泥砂底、珊瑚砂、碎石和半寄生与多毛类、蠕虫、软体动物等，以口吸盘摄食寄主。

58. 高塔捻塔螺 *Actaeopyramis eximia* (Lischke, 1872)

标本采集地：金山咀。

形态特征：贝壳中小型，壳稍厚，呈黄白色，壳高 9 mm，壳宽 2.5 mm。螺旋部高，螺层 10 层，各螺层稍膨胀，周缘圆形，缝合线沟状。胚壳乳头状，偏左边。壳表有螺旋肋，在体螺层约有 20 条，其余各层有 7 ～ 8 条，肋间距相近似，覆盖有黑褐色壳皮。体螺层大，约占壳长的 2/5。壳口呈卵形。外唇薄，有肋纹缺刻。底唇圆。轴唇薄，有一弱褶。厣呈卵形，革质，黄色，少旋型。

生态分布：生活在潮间带至潮下带浅水区细砂质底，分布在秦皇岛近海。为较少见种。

59. 笋金螺 *Mormula terebra* (A. Adams, 1861)

标本采集地：北戴河、岐口，采泥。

形态特征：贝壳小型，薄质，呈白色。状似笋螺。壳高 6 mm，壳宽 2 mm。螺旋部高，呈塔形。胚壳呈尖圆形，平滑，左旋。螺层 12 层。各螺层膨胀，周缘圆形。缝合线明显，呈沟状。壳表有纵肋，肋间有细螺旋条纹。肋和肋间宽度相同。体螺层不膨大，基部纵肋不明显，有强的螺旋条纹。壳口小呈卵圆形，没有前、后沟。外唇薄，简单。底唇呈圆形。轴唇有一褶襞。

生态分布：生活于潮间带至潮下带浅水区泥沙质底，河北省近海有分布，为较少见种。

60. 微角齿口螺 *Odostomia* (*Marginodostomia*) *subangulata* (A. Adams, 1860)

标本采集地：新开口、北戴河。

形态特征：贝壳小型，薄，半透明，呈长卵形。壳高 3.8 mm，壳宽 2.8 mm。螺旋部呈高圆锥形，螺层 7 层，各螺层膨胀。胚壳呈乳头状，左旋。缝合线清楚，沟状。壳表平滑、光泽。体螺层大，约占壳长的 1/2，上、下螺层之间呈弱角状。壳口大，呈卵形，无前、后沟。外唇薄、弯曲。内唇有一强褶壁。底唇呈圆形。轴唇厚。无脐孔。无齿舌和颚片。

生态分布： 生活在潮间带和潮下带浅海细砂底质，分布于昌黎和北戴河近海，为少见种。

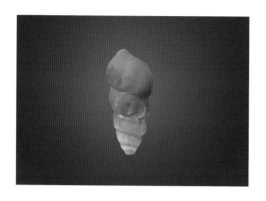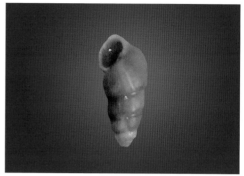

头楯目 Cephalaspidea=Bullomorpha

贝壳发达，有螺旋形外壳，相当坚固或薄而脆，呈泡状或退化为内壳，被外套包被（Cymbullidae 没有贝壳）。没有厣（捻螺和囊螺的个别种类有薄的角质厣）。外套腔发达。本鳃位于外套腔的右后部。头触角愈合形成一个平的头楯，前侧或后端常分成两叶片状凸起。侧足发达，竖立于体背两侧或扩张成翼状或鳍，作游泳器官。外套楯后端通常分为 2 个叶片状凸起。胃通常有角质或石灰质胃板，没有颚片。侧脏神经索交叉呈"8"字形（捻螺除外），但不太集中。两性生殖孔有纤毛沟相连接。眼无柄。有一个嗅检器。

生活于潮间带岩礁、藻类间，或潮下带到深海泥沙底营底栖生活，摄食藻类或吞食小双壳类，有孔虫，管栖多毛类，小甲壳虫类等。

捻螺科 Acteonidae=Pupidae

贝壳小一中型，通常呈卵一卵圆筒形。一般不超过 8 螺层，薄一厚，稍坚固。体螺层大，通常壳表具有螺旋沟。螺塔呈圆锥形。壳口呈卵圆一长圆形，外唇薄，弯曲。底唇呈圆形。轴唇厚，具 1 ~ 2 个褶齿。具有薄的角质厣。身体可收缩至贝壳内。头楯大，形成一对前侧叶和一对不大明显的后侧叶，侧足小，掩盖部分贝壳。鳃不能收缩，位于外套腔中。外套在贝壳内形成一个螺旋盲肠。有胃板。齿舌数目较多。侧脏神经索相互交叉呈"8"字形。阴茎大，有钩。在进化上保留着某些前鳃类的特征。

生活在潮间带至潮下带直到水深数百米的细砂或泥沙底质。由于贝壳较坚厚，故有化石种类。广泛分布于世界各海域，在印度洋－太平洋海域种类较多。

61. 黑荞麦捻螺　*Acteon secale* (Gould, 1859)

标本采集地：北堡、南排河，采泥。

形态特征：贝壳小型，呈长卵圆形。壳长 4 mm，壳宽 2 mm。壳质薄，稍坚固。胚壳大，呈乳头状凸起，约占壳长的1/3。易磨损。光滑，各螺层膨胀呈圆形，螺旋部高，呈圆锥形，约占壳高的1/4。缝合线浅，呈狭沟状。4 螺层，体螺层大，呈卵圆形，约占壳长的3/4。壳表外观平滑，雕刻有深凹格组成的螺旋沟，这些螺旋沟在体螺层上有 20～22 条，在次体螺层有 6～8 条，上层有 4～6 条。壳表生长线明显，在体螺层更清楚，与生长线交叉呈格子状，壳口开口大，呈卵圆形。上部稍狭，底部扩张。外唇稍厚，稍弯曲。上部自体螺层上方约 2/3 处升起，中部稍向内弯曲，底部呈圆形。内唇石灰质层薄而狭，轴唇厚，弯曲，底部有一反褶缘。脐孔呈狭缝状。壳口内面呈白色。厣角质。

生态分布：生活于潮间带至潮下带浅水区泥沙底质，分布于渤海湾西部浅水区，为较少见种。

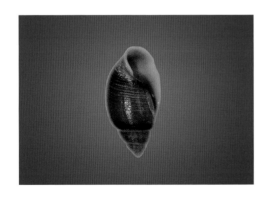 

露齿螺科 Ringiculidae

贝壳小型，厚、相当坚固，呈卵圆形。白色螺塔小呈圆锥形。体螺层大，呈卵球形，占贝壳之大部，通常壳表有螺旋沟。壳口狭，有前、后沟，呈耳形。外唇肥厚，有纵反褶缘。内唇石灰质层厚，常覆盖体螺层，上部、底部有强大的褶齿。没有厣。

身体能收缩至贝壳内，头楯后乳突叶卷起呈水管状竖起。侧足叶小，神经系统为直神经系统。

生活于潮间带到潮下带直到 5 000 余米的深海底细砂质底，见于世界各热带和温带海域，由于贝壳坚固，多为化石种类，沉积物取样中常见到。

62. 耳口露齿螺 *Ringicula* (*Ringiculina*) *doliaris* (Gould, 1860)

标本采集地：渤海湾，采泥。

形态特征：贝壳小型，呈卵圆形。壳高 4 mm，壳宽 3 mm。呈白色，厚、坚固。螺旋部小，钝锥形。缝合线深凹，5 ~ 6 螺层，各螺层膨胀。体螺层特大，约占壳长的 2/3。壳表有螺旋沟，这些螺旋沟在体螺层有 12 ~ 14 条，在次体螺层有 5 ~ 6 条，壳顶小，光滑。壳口大，约占壳长的 1/2，上部狭，底部稍宽，呈耳形。后沟浅而狭，前沟浅而宽。外唇厚，外侧向背面扭转形成强肋状隆起，内部中侧有一瘤结。内层石灰层厚而宽，覆盖部分体螺层，上部有一个褶齿。轴唇肥大，底部有 2 个强大的褶齿。头楯宽，前端微凹，各端自中部向后延伸，边缘后卷形成水管。足短。无厣。

生态分布：生活在潮间带至潮下带水深 30 m 的泥沙底质。主要分布在渤海湾，为常见种。

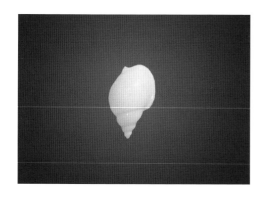
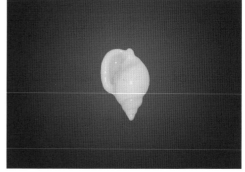

阿地螺科 Atyidae

贝壳小—中型，薄而脆，光泽，呈长卵圆形，中部直径最大。螺旋部小，内卷低平，仅几个螺层。体螺层膨胀，身体能完全收缩入壳内，壳表有精细螺旋沟，常被有壳皮，外观平滑，壳口大与体螺旋相等或稍大。外唇稍弯曲，上部凸出壳顶，底唇呈圆形。内唇石灰质层薄而狭，没有褶齿。没有厣。头楯大，前端圆形或中央微凹，有圆的后侧触手突起，常掩盖贝壳之前部。侧足叶大，常在体背中部相合超过贝壳，侧足小，仅竖立于身体两侧。后乳突叶扩展掩盖部分贝壳，或不明显。鳃位于外套腔中。胃通常有 3 个胃板和许多小刺。齿舌由中央齿（$n\cdot1\cdot n$），阴基有刺。

生活在潮间带至潮下带泥沙质底，或海藻间，包括的种类较多，广泛分布于世界各海域。

63. 泥螺 *Bullacta exarata* (Philippi, 1848)

标本采集地：老米沟、咀东、涧河、南排河。

形态特征：贝壳中小型，呈卵圆形。壳高 19 mm，壳宽 14 mm，呈白色，略透明，薄而脆。螺旋部内旋，2 螺层，体螺层膨胀，为贝壳之全长。壳表被有褐黄色壳皮，雕刻有细而密的螺旋沟。生长线明显，有时聚集成肋状。壳口广阔，全长开口，上部狭，底部扩张。外唇薄，上部弯曲，凸出壳顶部，底部呈圆形。内唇石灰质层薄而狭，轴唇有一狭小的反褶缘。生活时体长约 30 mm，身体不能完全缩入壳内。体呈灰黄，淡红色，略透明。头楯大，前端微凹，后端分为两叶，被覆部分贝壳。眼埋于头楯皮肤组织中。足肥大，前端微凹，后端截断状。侧足发达，掩盖贝壳两侧。外套膜薄，被贝壳包被，后端成为肥厚的叶片，部分向上卷遮盖贝壳之一部。

生态分布：生活在软泥、泥、泥沙质的潮间带，5—9 月交尾产卵，卵群呈圆球形，有胶质柄附于泥沙上。主要分布在唐山海区、沧州海区。该种分布面积广，密度大，是河北省近海经济贝类中资源量最高的品种之一。

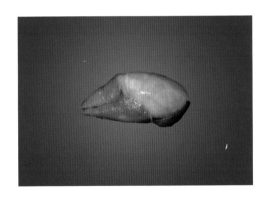 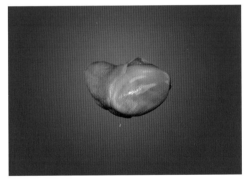

囊螺科 Retusidae

贝壳小—中型，呈长柱形。薄而脆，或稍厚，呈白色。螺旋部内卷，仅几个螺层。螺塔低或沉入壳底中央形成深洞，或削尖呈尖状。体螺层膨胀，为贝壳之全长。壳皮常有精细的螺旋沟，外观平滑，光泽，常被有壳皮或染有色带。生长线明显长形成褶壁。壳口狭长。外唇薄，上部狭；下部扩展，中部直，底唇呈圆形。内唇为石灰质薄而狭。轴唇厚，弯曲，没有褶齿。没有厣（仅 1 种例外），身体能收缩入壳内。头楯平，有圆的或尖的后乳突起，常掩盖贝壳之前部。侧足小，竖立身体两侧。外套楯的后乳突叶不明显。通常有 3 块胃板，但没有齿舌和颚片。肉食性，移动灵活。

64. 尖卷螺 *Rhizorus radiola* (A. Adams, 1862)

标本采集地：岐口。

形态特征：贝壳小型，略呈尖—梭形。壳长 3.5 mm，壳宽 1.2 mm。呈白色，光泽，稍薄而相当坚固。螺旋部内卷入体螺层内。近末端突然明显稍尖，呈尖管形，但不形成尖针状。体螺层膨胀。为贝壳之全长。整个壳表面有微弱的螺旋沟。这些螺旋沟在两端较明显。生长线清楚，与螺旋沟相交织。壳口呈狭长形，全长开口，上部呈尖管形，底部稍扩张。外唇薄，简单，上部自近末端处突然收缩，强弯曲，中部稍直，底部圆形。内唇石灰质层狭而薄。轴唇稍直，底部有一个狭的褶壁，反褶覆盖部分脐区，脐呈狭缝状。

生态分布：生活在潮间带和潮下带泥质底层，为少见种。

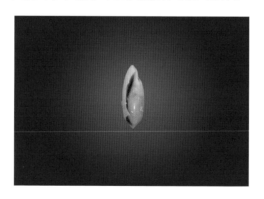

三叉螺科 = 泊螺科 Triolidae = Scaphanoleridae

贝壳小—中型，薄质，半透明或厚，坚固，呈长柱形—卵圆形。螺旋部内卷，或仅几个螺层。壳顶稍狭。体螺层膨胀，占贝壳之全长，中部直径最大。壳表有细的螺旋沟，外观平滑，光泽，常被有壳皮。壳口大，稍长于体螺层，上部狭或呈圆形，底部扩张，呈长卵形。外唇薄，内唇石灰质层厚，轴唇弯曲，常有一弱褶。没有厣。动物不能完全收缩入壳内。头楯大，近方形，有或没有后触手状突起。侧足不大或不明显，但在背中部不相合，仅掩盖贝壳的前侧部，后乳突叶不明显。鳃位于外套腔中。阴茎呈槌形或锋刀形，有圆锥形的畸形物。胃石灰质胃板 3 块，有的种类还有小胃棘。齿式 1·1·1 或 1·0·1。中央齿小，中央齿尖两侧有小齿。侧齿大型。

65. 圆筒原盒螺 *Eocylichna cylindrella* (A. Adams, 1862)

标本采集地：岐口、南排河，采泥。

形态特征：贝壳中小型，呈长圆筒形，壳高 11.5 mm，壳宽 3.8 mm，呈白色，光泽，稍厚，相当坚固。螺旋部内卷如体螺层内。壳顶部稍狭，深开口，呈斜截断状。体螺层膨胀，为贝壳之全长，上部稍狭，中部微凹，底部稍扩张。壳表被覆褐黄色壳皮，整个壳表面有波纹状的细密螺旋沟，近两端的螺旋沟深而宽。生长线明显，在两端呈格子状。壳口呈狭长形，全长开口，上部稍狭，弯曲深，底部稍扩张。外唇薄，上部稍凸出壳顶，中部微凹，底部略呈截断状。内唇上部深凹，石灰质层厚而宽，轴唇稍直、厚，有一个弱的褶襞。壳口内面呈白色。脐孔呈隙状。

生态分布：生活于低潮区至水深数十米的泥沙质浅海。主要分布在黄骅近海，河北省中东部海区也有少量分布，为较常见种类。

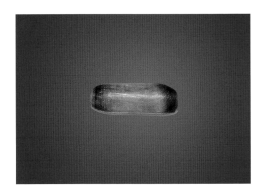 

拟捻螺科 Acteocinidae

贝壳小型，壳长约 5 mm，薄质半透明白色，呈卵圆形—圆筒形。螺旋部稍高，呈圆锥形或相当低平，于壳顶中央凸起或斜截断状，胚壳呈乳头状突起。体螺层膨胀，呈筒柱形。壳表平滑，或有精细的螺旋沟，外观平滑，光泽。缝合线清楚，呈沟状，通常具肩角。壳口狭，上部狭小，底部扩张呈圆形。外唇薄，中部稍直，或向内微凹。内唇石灰质层薄而狭。轴唇稍厚，弯曲，有一弱褶或没有。脐孔呈狭缝状。

身体能收缩入壳内，头楯小，有一对后侧叶。侧足小。外套后乳突叶不明显。胃有 3 块胃板。

66. 纵肋饰孔螺 *Decorifer matusimana* (Nomura, 1940)

标本采集地：洋河口，采泥。

形态特征：贝壳小型，呈短圆筒形。壳高 3.9 mm，壳宽 2 mm。呈白色，半透明，薄，稍坚固。螺旋部低，呈短圆锥形，胎壳小，呈乳头状突起。5 螺层。缝合线沟状，有锐角升起，没有螺旋沟。生长线明显，常聚集成襞状，在各螺层上呈纵肋状突起，在体螺层上突起更明显。壳口小，呈狭长形，上部狭，下部扩张。外唇薄，上部自体螺层的肩部升起，中部稍凸，底部呈圆形。内唇石灰质层厚而宽。轴唇短而厚，没有褶襞。

生态分布：生活在潮间带到潮下带浅水区细砂底质，分布于河北省近海东部海区，为较少见种。

 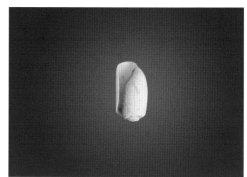

67. 勋章饰孔螺 *Decorifer insignis* (Pilsbry, 1904)

标本采集地：新开口。

形态特征：贝壳小型，呈圆筒状。壳高 3.7 mm，壳宽 1.7 mm。呈白色，半透明，壳相当坚固，螺旋部稍高，呈圆锥形。胎壳小，呈乳头状突起。5 螺层，壳表光滑。体螺层大，呈圆筒状，肩角不明显。缝合线沟状，生长线不呈襞状。壳口开口稍宽，呈狭长形，上部狭，底部扩张。外唇薄，

上部自肩部的下方升起，中部直，底部呈圆形。内唇石灰质层薄而狭。轴唇厚，弯曲，没有褶襞。

生态分布：生活在潮间带到浅海的细砂底质，为少见种。

壳蛞蝓科 Philinidae

贝壳退化为内壳，薄质，半透明，呈白色或淡黄色。螺旋部小，内卷。平滑，卵形-方形，2～4螺层。体螺层大，为贝壳之全长，壳表有精细的螺旋沟或凹点或褶襞，生长线明显，壳口外方非常扩张，呈长卵形。外唇薄，自壳顶升起或凸出壳顶部，圆形或有脊棘状、爪状突起。底唇圆。轴唇薄，呈狭褶状。

体呈白色-淡黄色。头楯大，通常扁平，呈长方形，没有触手状突起，占体长的1/2，后侧叶不明显。外套楯占体之后半部，包被贝壳。侧足肥大，但不在背中部相合，竖立身体两侧，后乳突叶明显，向后扩展达到足的后方。腹足广大，鳃在开放式的外套腔右侧。有3块胃板或没有胃板。齿舌公式为 $n \cdot o \cdot n$（n＝1—6）。

生活在潮间带至潮下带直到水深 206 m 的细砂或泥沙质底。吞食小型双壳类、有孔虫、多毛类。

68. 经氏壳蛞蝓 *Philine kinglipini* (Tchang, 1934)

标本采集地：老龙头、新开口，底栖生物拖网。

形态特征：贝壳中小型，呈长卵圆形。壳高 19 mm，壳宽 14 mm。呈白色，脆而薄，半透明，光泽。螺旋部内卷入体螺层内，2螺层。体螺层大，为贝壳之全长。壳表被有白色壳皮。表面有细微的螺旋沟。生长线明显，有时增厚形成褶襞。壳口广大，全长开口。上部稍狭，底部扩张。唇薄，上

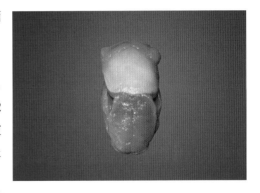

部突起稍凸出壳顶部，底部呈圆形。内唇石灰质层薄而宽。体呈白色，背面凸，腹面平。体长 40 mm，体宽 18 mm。头楯大，呈拖鞋状，外套楯包被贝壳，后端分为两叶，伸出身体后方。足大，约占体长的 2/3。侧足狭而肥厚。

生态分布：生活于潮间带高潮区以下的泥沙滩上至潮下带数十米深的泥沙质底。5—6 月交尾产卵，卵群带呈长椭圆形，有胶质柄附着在泥沙上。吞食小双壳类、多毛类、蠕虫类，为滩涂贝类养殖敌害，但它们也是底栖鱼类的天然饵料。河北省近海皆有分布，尤其以秦皇岛海区 7—8 月最多。为常见种。

69. 银白壳蛞蝓 *Philine argentata* (Gould, 1859)

标本采集地：咀东。

形态特征：贝壳小型，呈卵形一方形。
壳高 12.5 mm，壳宽 10.5 mm。呈白色，
薄而脆，半透明，光泽。2 螺层，螺旋部
内卷入体螺层内。体螺层膨胀，略呈方形，
为贝壳之全长。壳表被有白色壳皮，表面
雕刻有念珠或锁链状的螺旋沟。生长线明
显，中部向后弯曲。壳口广大，全长开口，
上部稍狭，底部扩张。外唇薄，上部突起

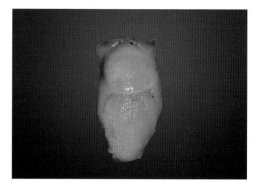

稍宽，略突出壳顶部，中部斜直，底部圆角状。内唇石灰质层薄。身体稍肥厚，呈灰白一
淡黄色，体长 25 mm，体宽 11 mm。头楯略呈长方形，中央有一浅沟，外套楯后端中
央有一缺刻，分成 2 个短小叶片，不突出身体后方。

生态分布：生活于潮间带至浅海泥沙底，河北省近海有分布，为较常见种。

拟海牛科 Doridiidae=Aglajidae

贝壳退化为内壳，呈片状。有一小螺旋部，体螺层有一大裂缝。上层角质、下层
石灰质。

本科动物体呈圆筒一卵圆形，头楯大，占体长的2/5～1/2，头楯前端呈圆形，常
有小丘状突起、上面装饰有感觉纤毛，后端中央常有一尖圆的小突起。外套楯包被贝
壳，前端圆形，后端有一对后乳突叶，明显超过足，常左叶长于右叶。外套腔右边有鳃。
侧足肥厚，竖立于身体两侧。腹足肥厚，前端呈圆形，后端截断状。阴茎有沟和乳突。
雌雄两性生殖孔分开，位于体右侧，有卵精沟相连。体侧还有享氏嗅觉器官。口球发达，
能凸出口外。无颚、齿舌、胃板。

生活于潮间带的岩礁、海藻间，吞食小型贝类。广泛分布于世界各海域。

70. 肉食拟海牛 *Philinopsis gigliolii* (Tapparone–Canefri, 1874)

标本采集地：新开口，底栖生物拖网。

形态特征：动物中型，呈长圆筒形。体长 32 mm，体宽 20 mm。头楯大，呈长方形，
占体长的 4/7，前端呈截断状，后端中央有一个钝尖。外套楯包被贝壳，前端呈圆形，
后端分成两叶。腹足大，占体长的 6/7。侧足稍小，仅覆盖体背侧部。口吻大，能翻

出体外，约占体长的 1/2。鳃羽状，位于体右侧后部。肛门位于鳃的右后方。体呈紫褐色并布满淡黄色小圆斑，在头楯的中线上有一条淡黄白色纵走线条。头楯、外套楯后叶片和侧足边缘有双色线，外为浅蓝色；内为橘色。贝壳小呈平板状，顶部深凹裂。螺旋部小，石灰质层较厚。体螺层扁平，外缘先端较大，上层角质，下层石灰质。壳表生长线明显。

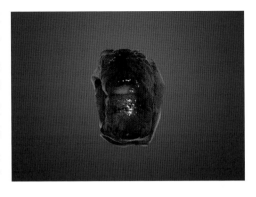

生态分布：生活于潮间带岩石、海藻间，潮下带浅水区，主要分布在河北省东部海区，为较常见种。

背楯目 Notaspidae=Pleurobranchomorpha

成体有贝壳，薄而脆，半透明，呈卵圆形、平板状。开口几乎与壳同大，或退化为内壳完全消失。体型两侧略对称。头部前端扩张形成头幕，两前端侧角卷曲呈触手状，前缘有指状、树枝状凸起或前端中央深凹。嗅角一对，呈耳形。无侧足和外套腔或外套腔在右侧开口宽。鳃呈栉状，位于体右侧，或始于左侧横过前端到右侧。外套扩大形成一个背盘，包被贝壳。雌雄同体，两性生殖孔相靠近但无纤毛沟相连接，交接器附属物大型。腹足宽，常作游泳器官，足底后部常有足腺。没有胃齿。口球肌肉发达，有颚片。齿舌宽。神经系统有在食道背面集中的神经节。侧脏神经索短。

生活在潮间带至潮下带浅水区。肉食性，摄食海葵，双壳类。受干扰时能分泌酸性液。

侧鳃科 Pleurobranchidae

本科动物小—中大型，没有侧足和外套腔。身体柔软，体呈椭圆形。头部前端扩张形成头幕突起，它的两侧隅常卷曲，外侧有裂沟。嗅角一对。外套发达，通常有突起，包被贝壳，含有小骨片或没有骨片。外套膜短，与体侧界限不明显，或形成一个短水管。肛门位于鳃长度的中部或后端。生殖孔在体右侧。阴茎有肥大的附属物，没有卵精沟，雌雄孔相紧靠。没有侧足和外套腔。腹足发达，常超出外套缘，后端常有足腺。鳃栉状，位于体右侧，前端附着体壁，后端游离。颚片发达，由许多长卵形平板组成，排列呈方格状。齿舌发达，强大，齿式：n·0·n，为肉食性种类。贝壳小而薄，石灰质，但脆，开口非常大。被外套包被或贝壳完全消失。

生活在潮间带至潮下带一直到水深数十米的泥沙质海底，为暖水性种类。

71. 蓝无壳侧鳃 *Pleurobranchaea novaezealandiae* (Cheeseman, 1878)

标本采集地： 河北省近海，底栖生物拖网。

形态特征： 体型中等，呈椭圆形。体长 80 mm，体宽 60 mm，相当肥厚。头幕大，呈扁形，前缘有许多小突起，前侧隅呈触角状。嗅角圆锥形，位于头幕基部两侧，外侧有裂沟，彼此相距较远。没有口幕，口吻大，能翻出体外。外套掩盖背部约 2/3，平滑，前端与头幕相愈合，后端与足相愈合，两侧游离，右侧缘仅掩盖部分鳃。鳃呈羽状，位于体右侧，约占体长的 1/3，向后伸出外套后缘。鳃轴有颗粒状突起，鳃轴的一侧有 22 ～ 30 片鳃叶，雄性孔在雌性孔的稍前方。阴茎囊突出体外，呈膨大的叶片状。肛门位于鳃的直前方，足前端圆形，有沟和口分界，后端尖圆。足腺呈三角形。贝壳消失。体呈淡黄色，体表有紫色网纹。鳃轴紫黑色，足底深褐色。肉食性。

生态分布： 生活在潮间带岩石、泥沙滩至水深 30 m 的泥沙质底，分布于河北省近海。为常见种。

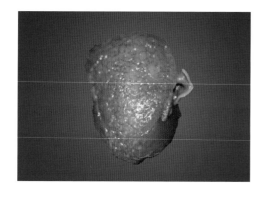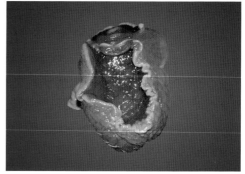

裸鳃目 Nudibranchia

本目包含种类最多，约 2 500 种。体型左、右对称。体型变化大，成体没有贝壳。外套腔和本鳃消失。内脏囊低平。外套背面平滑或有疣状突起，常埋有石灰质骨针。外套边缘后而狭或薄而宽，作游泳器官。二次性鳃多样，单羽或 3 ～ 4 个分歧，位于体背中线，没有鳃腔或在背侧有指状、树枝状突起，或仅为体两边的褶襞。通常有肝脏分歧到达鳃凸起，但蓑海牛类 Aeolids 末端还有刺丝囊。头部有口触手一对或嗅角，呈瓣状、指状、褶襞状等，有或没有嗅角鞘。肛门位于体背中线或体右侧。消化腺联合成块或分为几块。口球肌肉发达，通常有颚片。齿舌变化大，单列或多列，有或没有中央齿。腹足伸长或宽，常有足腺。神经系统有围绕食道集中的神经环。

片鳃科 Arminidae

本科动物体属小—大型。外形上有海牛类的特征，呈长圆卵形。外套宽，边缘完整。头幕小，呈半圆形，光滑或具有乳状突起或纵脊，遮盖头部和足部。外套腹缘有或没有附生的对称的侧板。在外套和腹足之间具有前、后鳃片。外套背面通常有纵脊，或瘤状突起。头幕与外套之间有或没有明显的界限。有或没有口触手。嗅角小，柄部短，上部具有褶叶。没有嗅角鞘或有小凹，肝分歧到达鳃褶。没有刺丝囊。嗅角之间有或没有感觉肉阜。足前端双褶襞，前侧隅呈圆形或呈尖角状，后端削尖形成长尾或短尾。有或没有足腺。生殖孔、肛门、肾孔位于体右侧。颚片咀嚼缘有小鳞齿或光滑，齿舌通常宽，中央齿尖，两侧有许多小锯齿。

72. 亮点舌片鳃 *Armina* (*Linguella*) *punctilucens* (Bergh, 1870)

标本采集地： 渤海湾，底拖网。

形态特征： 动物体属中小型，呈狭长形。体长 50 mm，体宽 16 mm。外套稍宽，前端呈截断状，后端稍尖，背面有排列成纵长形的大小不等的乳头状突起，腹面平滑。口幕与外套之间没有明显的界限。口幕两侧呈尖角状，上面平滑。嗅角小，彼此相距较远，呈棍棒状，上部有纵褶叶。前鳃叶 35 ~ 50 片，位于生殖孔的上前方，占体长的 1/3。后鳃叶 45 ~ 58 片，斜列，在身体的两侧缘。前鳃叶与后鳃叶之间有缘片，上面有许多乳状腺体，构成类似蓑海牛的刺丝囊。足比外套稍狭，后半部中央有细长的足腺。肛门开口于体右后侧的 2/5 处。肾孔在生殖孔与肛门之间。体呈褐栗色，口幕黄褐色，嗅角末端橙黄色，背部乳突顶端呈黄白色，外套腹面白色，前鳃叶呈黄白色，后鳃叶呈黄褐色，缘片呈淡黄色。足底橙黄色，足腺白色。颚片咀嚼缘有 4 ~ 5 行小齿。齿式：49×24·1·24。中央齿宽，齿尖两侧有 9 ~ 10 个小齿，侧齿弯钩形，第一侧齿短小，有 8 ~ 10 个小齿，第 2 至第 4 侧齿有 8 ~ 14 个小齿，其余侧齿仅有 1 ~ 6 个小齿，最外侧齿平滑。

生态分布： 生活在潮间带泥沙底质到潮下带浅水区，为少见种。

蓑海牛科 Aeolidiidae

动物体属小型，呈蛞蝓形。体背两侧有多数对称鳃排列成斜列，4～5鳃丛。每鳃丛有许多鳃凸起，易脱落，细长、卵圆或纺锤形，有不规则的肝脏分歧到达。在前鳃丛的后面起源于消化腺的右边，末端有刺丝囊。口触手细长，呈指状。嗅角小、光滑，没有球状物和褶叶。没有嗅角鞘，呈短棍棒状。生殖孔、肾、后肝式的肛门位于体右侧后半鳃列之间，肾接近肛门。足宽，超过体长，前侧隅呈尖角状，后端伸长形成短尾。阴茎无刺。颚片强壮，没有咀嚼缘凸起。齿舌宽，单列齿，呈栉状，齿的基部有或没有中央凹，齿尖两侧有许多小锯齿。

73. 浅虫阔足海牛 *Cerberilla asamusiensis* (Baba, 1940)

标本采集地： 北戴河。

形态特征： 动物体属小型，体长15 mm，呈蓑海牛形。口触手长，呈长鞭状，通常生活时向后伸延。触角非常短、平滑，呈棍棒状。鳃凸起呈短纺锤形，位于体背侧，排列15～16斜列，最大列有16个鳃凸起。在外侧者短小，在背中部者大形。足宽，

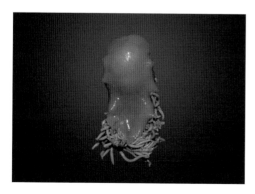

明显地扩张到身体外面，前侧隅呈角状。体呈透明淡白色。背中部裸露的地方略呈暗色，其余部分呈淡白色，在头部的口触手与鳃之间有一个宽的黄色区，口触手、嗅角两边黑色线。顶部黑色，一条黑色线横过头部的前端边缘到达口触手基部，鳃突起呈黄色，顶部蛋白色，鳃凸起的外表面的近末端黑色，大多数鳃突起在黑色下面呈黄色。足的前侧隅呈黄色，足周缘黄色狭带。生殖孔直接位于体右侧第 3 鳃列。肛门开口于同侧第 6 鳃列。颚片的咀嚼缘凸起边缘光滑。齿片呈栉齿状，中央凹的两边有 6～8 个大锯齿和小齿。在边缘的锯齿较大型。

生态分布：生活在潮间带礁石间及附近的浅海。

掘足纲 Scaphopoda

贝壳通常较小，管状，稍弓曲，形似牛角或象牙，故有象牙贝之称。它们的贝壳通常前端较粗（有的最大直径不在前端），向后延伸逐渐尖细。前端开口可伸出头和足，后端开口为肛门孔。贝壳的凹面为背部，凸起面为腹部。贝壳表面光滑或具纵肋和环纹，壳顶具有缺刻、裂缝或简单。壳色多为白色，亦有黄白色或褐色。

动物的软体部分呈筒状，左右对称。头部不甚明显，口吻的基部两侧具有触角叶，其上有头丝，头丝末端膨大，能伸出壳口以外，司触角和捉取食物之用。足呈圆筒状，末端两侧具内襞，有的呈三分裂状或盘状足底，足甚长，能伸出壳外，能掘泥沙，并可借其移动。

光滑角贝科 Laevidentaliidae

贝壳小到中等大小，壳薄，结实，稍弓曲。贝壳表面光滑无纵肋，有光泽，呈白色至黄白色，常具环纹。壳口呈圆形或椭圆形。壳顶尖细，具缺刻或简单，或从中央生出小管。

74. 胶州湾顶管角贝 *Episiphon kiaochowwanense* (Tchang & Tsi, 1950)

标本采集地：河北省近海，采泥。

形态特征：贝壳小，壳长 20 mm，最大者直径达 1.5 mm，略弯曲，薄，结实。壳面光滑无雕刻，仅可见细弱的生长纹。壳面呈黄白色、淡黄色或橙黄色（有的前部白色），并分布有不均匀的白色环纹。贝壳前端直径约为后端直径的 2～4 倍（幼壳后端尖细）。后端口小，缘厚。从内缘突

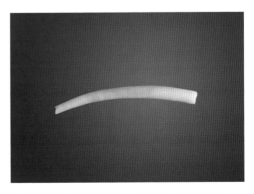

出一白色小管，长约 1 mm，极薄脆，易破损。前端壳口近圆形，口缘薄，易破损。

生态分布：生活在潮下带，水深 20～30 m 处都有栖息。在河北省近海东部海区 20 m 等深线外采到该种。为较少见种。

双壳纲 Bivalvia

古列齿亚纲 Palaeotaxodonta

胡桃蛤目 Nuculida

两壳相等,能完全闭合,具黄绿色壳皮。壳内面多具珍珠光泽,铰合齿数量多,沿前、后背缘分布,通常具内、外韧带。前、后闭壳肌相等,鳃为羽状,足具蹠面,成体无足丝。

胡桃蛤科 Nuculidae

壳中小型,壳顶位于中央之后,前背缘弓形,并长于后背缘。贝壳被有黄绿色或褐色壳皮,表面光滑或具同心纹及放射肋。

壳内面具珍珠光泽,内腹缘有时具齿状缺刻,外套线完整。铰合部有齿数众多的前齿列和后齿列所组成。两者在壳顶之下由内韧带槽将其分开。

胡桃蛤科的种类生活于低潮线以下的深海,以碎屑为食,属碎食性,因此多分布于细颗粒沉积区。

75. 橄榄胡桃蛤 *Nucula tenuis* (Montagu, 1860)

标本采集地:南堡、涧河、岐口,采泥。

形态特征:壳中型,壳长一般为 13.5 mm,壳高 10 mm,壳宽 6.8 mm。两壳膨胀,较坚厚。壳顶突出,小月面不明显,楯面细长。壳表具橄榄色壳皮,有年轮状生长线。铰合齿粗壮,前齿列有齿约 20 个,后齿列 8 个,着带板大,指向腹面中央。前肌痕呈圆铲形,后肌痕呈长圆形,内腹缘光滑,无齿状缺刻。

生态分布:栖息于水深 5 ~ 30 m 的软泥、泥沙质底浅海。主要分布于渤海湾西部及秦皇岛近海泥沙底质海域。为常见种。

吻状蛤科 Nuculanidae

壳多延长形,壳顶位于中央之前,前端圆,后部多延伸成喙状,壳表具黄、绿色壳皮。壳内一般无珍珠光泽,前后齿列为内韧带所分开。

吻状蛤科生活于低潮线以下,但以生活在深水区的种类比较多。

76. 薄云母蛤 *Yoldia similis* (Kuroda et Habe, 1952)

标本采集地:岐口、南排河,采泥。

形态特征:壳形中等,壳长一般为15.5 mm,壳高 7.5 mm,壳宽 4.2 mm。壳形细长,质较脆弱,半透明。壳顶位于中央之前,前端弧形,后部逐渐变细,末端尖,后背缘长而直。壳表除生长线外,也有斜行线与其相交,但不甚明显。

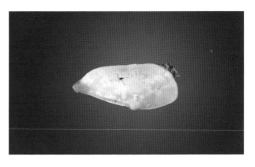

铰合部弱,前齿列有齿 23 个左右,后齿列约 18 个。外套窦深,末端纯,未达到壳的中部。

生态分布:生活在软泥底质的浅海,分布于渤海湾西部的浅水区,为少见种。

翼形亚纲 Pterimorphia

蚶目 Arcoida

通常蚶目的贝壳左右对称,也有的左壳稍大于右壳,前后近等。壳表面有强弱、粗细不等的,规则或不规则的放射肋。贝壳表面覆盖生有毛状物的壳皮,两壳顶之间有韧带面。铰合部直或弯,具小齿多枚、排成一列。

神经系统的侧神经节与脑神经节合一，心脏在围心腔内，具有 2 支大动脉；鳃呈丝状，一般反折，鳃叶游离，没有叶间联系；生殖孔与肾孔分别开口。外套膜游离，无水管；前、后闭壳肌均发达。

本目动物分布广，世界各海域中都有发现，从寒带至热带海域、从潮间带到深海都有其分布，但它们多生活于热带海域潮间带至浅水区，不论是岩礁、岩石还是泥潭、泥沙滩都有其踪迹。本目不少种类有经济价值，如蚶科的大部分种类可食用，其肉味鲜美、营养价值高，还有一些种类在贝类养殖上占有重要地位。

蚶科 Arcidae

贝壳一般中等大小，但也有壳长 100 mm 以上的大个体和壳长 10 mm 以下的小个体。外形呈长卵形、长方形、球形和方圆形，两壳相等或不等。韧带面宽或窄、平坦或向内倾斜，腹缘有或无足丝裂孔；壳表具粗大的或细窄的、规则或不规则的放射肋，表面通常覆盖粗糙并生有毛状物的壳皮。铰合部直或略弯，上面有直的或近乎直的一长列铰合齿，齿多而小；前、后闭壳肌均发达，肌痕清楚；外套膜游离，无水管；鳃呈丝状。

本科的种类分布广，从温带至热带海区都有分布，从潮间带至深海海底都有它们栖息，但绝大多数种类分布于潮下带至水深百米内的浅海域。它们以足丝附着生活或营底栖生活。

本科是软体动物中经济价值较大的一个科。这个科的大部分种类可食用，肉味鲜美、营养价值较高，而且某些种类产量大，成为养殖和捕捞对象。泥蚶为我国贝类的主要养殖对象，毛蚶、魁蚶等在我国的蕴藏量丰富，为渔业捕捞对象。

77. 魁蚶 *Scapharca broughtonii* (Schrenck, 1867)

标本采集地： 北戴河、滦河口、渤海湾中部，底栖生物拖网。

形态特征： 贝壳大、相当凸，壳高 69.1 mm，壳长 85.7 mm，壳宽 59.5 mm。近斜卵形或后腹部延伸的方圆形，两壳略不相等，左壳稍大于右壳，在小个体中尤为明显。贝壳前端短圆，后端延伸、末端呈斜截状；壳顶部膨胀，壳顶位于偏前方；

背部前后缘略显钝角，腹缘圆，其末缘稍伸长。壳表约有 42 条宽的平滑无明显结节

的放射肋，左壳肋较右壳肋稍宽大；壳面呈白色，被棕色表皮，肋间隙中有短而稀疏的毛，其毛在贝壳边缘密集，呈黑棕色。韧带面不甚宽，向内稍倾斜，上面有数条韧带沟。贝壳内面呈白色，边缘有强壮的锯齿状凸起；铰合部直、狭长，齿细小、排列紧密；前闭壳肌痕小，后闭壳肌痕较大，两者均近方圆形。

生态分布：生活于 10 ~ 35 m 深的软泥或泥沙质海底。本种个体大，肉味鲜美，经济价值较高。河北省近海都有分布，但主要分布海区为秦皇岛近海、滦河口近海、曹妃甸近海。由于过度采捕，当前已形不成产量，为常见种。

78. 毛蚶 *Scapharca subcrenata* (Lischke, 1869)

标本采集地：汤河、涧河、南排河，底栖生物拖网。

形态特征：贝壳中等大小，壳高 35.2 mm，壳长 42.2 mm，壳宽 31.4 mm，呈近卵形或长方圆形，膨胀，两壳不等、左壳大于右壳。贝壳前端略短、圆，后腹部末梢延伸，呈斜截状；壳顶部较膨大，凸出于背缘，壳顶稍偏前方，两壳顶距离不甚远；背部前、后缘略显棱角。壳表面一般有 31 ~ 34 条规则的放射肋，左壳及

右壳的前端肋上有明显的小结节，同心生长线在腹部较明显；壳面呈白色，被棕色毛状壳皮，其毛生长在肋间隙中。贝壳内面呈白色或灰黄色，腹缘有锯齿状凸起；铰合部直，前、后端较中部宽，铰合齿小而密，两端齿较中间者稍大；前闭壳肌痕较小、近马蹄形，后闭壳肌痕较大、呈方圆形。

生态分布：生活在低潮线至 30 m 深的软泥或泥沙质海底，以水深 10 m 左右的浅海为多。本种肉味鲜美，产量大，是当地渔业生产的主要种类之一。主要分布在渤海湾西部的黄骅、丰南近海及秦皇岛湾。由于过度采捕，目前本种自然海区的资源已不多，现已开展种苗底播养殖。

79. 对称拟蚶 *Arcopsis symmetrica* (Reeve, 1844)

标本采集地：老龙头、金山咀，底栖生物拖网。

形态特征：贝壳小、膨胀，壳高 8.2 mm，壳长 10.7 mm，壳宽 8.1 mm，壳呈长方形。贝壳后端较前端稍长，末缘呈截形或斜截形；背部前、后缘显钝角状；壳顶部膨胀，

壳顶突出，并明显地向内卷曲，位于略近前方，两壳顶距离较远，由贝壳斜向腹部后缘有一条龙骨状突起。壳表面有 50 条左右不甚规则的放射肋，壳前、后端肋较中部肋粗大，肋上有明显的小结节；壳面呈黄白色，被淡棕色壳皮。韧带面较宽、近菱形，其上生有许多横列、黑棕色角质条纹。贝壳内面呈灰白色，边缘略加厚，平滑无明显锯齿状突起；铰合部稍弯，有近 30 个较大的齿，两侧者较中央大；前、后闭壳肌痕的两侧边缘均有不甚高的隆起。

生态分布：生活在潮间带以下的浅海岩石的缝隙里或石块下，以薄片状足丝附着其上。主要分布于岩礁，沙砾岸段的金山咀至老龙头近海，为较常见种。

80. 间褶拟蚶 *Arcopsis interplicata* (Grabau and King, 1928)

标本采集地：岐口、北港，采泥。

形态特征：贝壳较前种稍大，壳高 10.6 mm，壳长 14.9 mm，壳宽 9.6 mm，呈近长卵圆形或圆长方形。贝壳前端圆而且膨大，后端较前端窄小，后腹部末端稍伸长，后缘呈斜截状；壳顶部膨胀，壳顶突出、向内卷曲，位于贝壳中央，自壳顶斜向腹部后缘，有一条圆钝隆起；背部短，其前、后端一般钝圆，腹部长。壳表有 50 条左右较均匀的放射肋，肋上密布颗粒状凸起，同心生长线较细密、壳下部明显；壳面呈黄白色，被棕色壳皮。韧带面较宽、短，上面有许多横列、黑棕色角质条纹。贝壳内面颜色与外面相近，具光泽，外缘加厚，略显锯齿状突起；铰合部略弯，约有 30 余个铰合齿；前、后闭壳肌痕的两侧均有不甚高的隆起。

生态分布：生活在潮下带至 30 m 深的软泥或泥沙质海底，主要分布于中西部海域，为较常见种。

81. 橄榄蚶 *Estellarca olivacea* (Reeve, 1844)

标本采集地： 新开口，采泥。

形态特征： 贝壳较前两种稍大，膨胀，
壳高 15.2 mm，壳长 20.4 mm，壳宽 13.5 mm，
呈长卵形。贝壳前端与后端近等长，后端
较前端略窄、末端呈斜截状；贝壳背、腹
部的前、后缘均圆钝而不显棱角；壳顶部
不甚凸，壳顶位于贝壳中央。壳表放射肋
极细密，与同心生长线相切呈现细布目状；
壳面呈灰白色，被黑棕色壳皮、壳顶部表

皮易脱落，通常贝壳上部显黄棕色。韧带面较宽短，黑棕色，呈梭形，上面有横列的
角质条纹。贝壳内面边缘加厚、平滑无锯齿状凸起；铰合部短，有 30 余个铰合齿，
两侧铰合齿较中央者粗大、倾斜。

生态分布： 生活于潮间带和潮下带的浅水泥沙质海底，分布于昌黎近海，为较常
见种。

贻贝目 Mytiloida

贝壳呈楔形，亦有三角形，卵圆形和圆柱形的。多数贝壳较大，两壳相等，壳两
侧不等。壳质韧，壳皮较发达。铰合部齿退化，多具小节栉状突起，或缺。韧带细长，
位于壳顶后方背缘。外套缘游离或一点愈合，只形成肛水孔而无鳃水孔。闭闭壳肌不等，
前闭壳肌小或缺。后闭壳肌大。有些种类生殖季节时，性腺能扩大到外套膜中。鳃呈
瓣状，除纤毛盘形成丝间联系外还有鳃叶间联系；叶间联系无血管，由结缔组织组成。
足细长，呈柱状；足丝和足丝收缩肌发达。

多数栖息在潮间带和潮下带水深 100 m 以内的浅海，有的以足丝附着在岩石上、
沙粒等物体上生活，亦有穴居于石灰石及泥沙中。它们有冷水种也有暖水种遍布于世
界各海域，绝大多数是海产，只有少数生活在淡水河流及湖泊中。肉味鲜美，为名贵
的海珍品，许多种是重要的捕捞和养殖对象。

贻贝科 Mytilidae

贻贝科种类较多，形态也有各种，有楔形、圆形、长形和三角形，等等。其主要

特征是两壳相等，两侧不等。壳顶近前端或位于最前端；壳表光滑，或具放射线和放射肋，有些种类壳表还有细黄毛。贝壳由角质层、棱柱层和珍珠层 3 部分构成，角质层壳皮常卷入壳内缘。一般壳面较凸；生长纹细，较明显。铰合部无齿或具数个退化的齿状突起；韧带细长，褐色，位于壳背缘。两闭壳肌和收足肌不等，前闭壳肌小，呈椭圆形（有些种缺），位于壳顶腹缘；前收足肌小，位于壳顶下方偏背缘；后闭壳肌大，近圆形，常与中、后收足肌相连。外套膜，外套缘较厚，具肛水孔，无真正的鳃水孔或管。外套隔膜形状因种类而不同。足细长，呈棒状，足的腹面具足丝沟，基部有足丝腺分泌足丝，足丝细丝状，较发达。

贻贝的生活方式随种类的不同有各式各样：有的种类以足丝附着在其他物体上生活；有的种类，将贝壳埋入泥沙中；有的穴居于石灰石或珊瑚礁中；有的以足丝与泥沙混合筑巢穴居；还有的与海鞘动物共生。它们既有冷水种也有暖水种，遍布世界各大洋，只有少数种类生活在淡水湖泊及河流中。从潮间带的上区到潮下带数百米甚至数千米的区域都有它们的踪迹，但多数种类生活在水深几十米以内的浅海。由于贻贝科的种类较多，分布较普遍，故为潮间带生态和底栖生物生态调查中的主要对象。贻贝一般生活能力较强，对温度、盐度变化的适应力，尤其是耐干力较其他贝类强。它们生长快，繁殖力也较强，生殖季节可数次排卵受精。这一科的种类全部可食用，其中有些种类以肉味鲜美、营养丰富而闻名，我国自古以来将其作为佳肴并用做中药。因此贻贝成为资源开发和海水养殖的重要对象。由于某些种类既能大量繁殖生长在船底、浮标及沿海工业用的冷却系统水管中，而钻孔生活的石蛏等，又能穿凿岩石和其他贝类，因此它们对航海、港湾建筑、海水养殖及工业设施等造成一定的危害，总之贻贝与人类有很密切的关系。

82. 贻贝 *Mytilus edulis* (Linnaeus, 1758)

标本采集地：老龙头，底栖生物拖网。

形态特征：贝壳呈楔形，一般壳长 79 mm，壳高 44 mm，壳宽 30 mm。壳顶位于贝壳的最前端，腹缘略直，背缘呈弧形，后缘圆。壳表呈黑褐色，光滑具光泽；生长纹细密、较明显。壳顶前方具小月面，但不很明显。贝壳内面呈灰蓝色，壳缘具

有外表皮卷入的窄缘，闭壳肌痕及外套痕比较明显。铰合部有 2 ~ 5 个粒状小齿；韧带细长位于壳背缘，呈褐色。足丝孔位于壳腹缘前方，不明显。外套薄，外套缘厚，

一点愈合；无鳃水管，肛水管孔状。足细长，圆筒形；足丝细丝状，较发达。

生态分布：以足丝营附着生活，一般栖息在潮线下 10 m 以内的水域。每年有春季和秋季两个繁殖期，幼虫附着在岩石或其他物体上，生长速度很快，是一种较好的养殖品种。分布于滦河口以北至老龙头近海。目前山海关近海已有一定规模的人工养殖。

83. 长偏顶蛤 *Modiolus elongatus* (Swainson, 1821)

标本采集地：黄骅港外，底栖生物拖网。

形态特征：贝壳呈长方形，一般壳长 66 mm，壳高 30 mm，壳宽 22 mm，壳顶较凸，近前端（略偏背缘）。壳前后缘圆、腹缘略直，背缘韧带部较直而至后端形成明显的钝角。壳面有龙骨凸起，呈黄褐色，光滑具光泽；生长纹细密、明显。贝壳内面呈灰白色，略具光泽；肌痕不明显。铰合部无齿，韧带细长，呈褐色。壳缘具有壳表卷入角质狭缘。足丝孔位于前腹缘、略显。足丝细软。

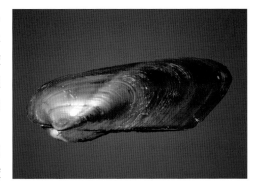

生态分布：栖息在潮下带 30 m 以内的浅海底，以足丝与泥沙混合将贝壳包起，仅在壳后端留有小孔与外界相通，或贝壳半埋在泥沙中生活，喜群居。主要分布在黄骅近海，肉可食用，为常见种。目前还没有开发利用。

84. 凸壳肌蛤 *Musculus senhousei* (Benson, 1842)

标本采集地：西大尖、咀东、南排河，底栖生物拖网。

形态特征：贝壳较小，壳质薄，略呈三角形。一般壳长 24 mm，壳高 11 mm，壳宽 8 mm。壳顶圆，近前端但不位于贝壳的最前端。壳腹缘直或略凹背缘较弯。壳面自壳顶至腹缘中部，有一条明显的隆起，呈草绿或绿褐色，并具有不规则的褐色波状花纹。生长纹细密；放射肋前区少，中区无、后区多而较明显。贝壳内面颜色略与壳表相同，具光泽，肌痕一般不明显。铰合部直，位于壳背缘，无铰合齿；韧带细长，呈褐色，前后两端各具栉状小齿，足丝孔狭，位于

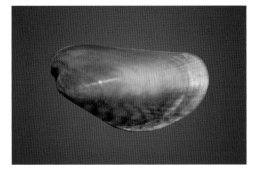

壳腹缘。足丝细软，极发达。

生态分布：栖息在潮间带中潮区至低潮线下 5～10 m 的泥沙滩上，足丝固着在沙粒上或相互附着在一起，贝壳浅埋于泥沙中生活。可供食用，又可作鱼虾饵料。其生长速度快，产量大，是一种较重要的经济贝类。分布在唐山海区的潮间带和渤海湾西部浅海区。

85. 中华锯齿蛤 *Arvella sinica* (Wang & Tsi)

标本采集地：新开口。

形态特征：贝壳小，壳质薄，略呈椭圆形，一般壳长 5.6 mm，壳高 4.5 mm，壳宽 3.4 mm，两壳略等，壳两侧不等。壳顶凸，壳面凸，略偏向背缘。壳前、后缘圆、腹缘略直或微凸。壳面凸，呈淡黄或乳白色，具有浅褐色花纹。放射肋细、布满整个壳面，肋间距离较小。贝壳面呈白色，具有与壳面放射肋相应的沟和肋，一般肌痕不明显。

壳顶下方具有细齿；韧带细长，呈褐色，其后端的小齿列渐次变成与壳面放射肋相应的细缺刻。足丝孔不明显；足丝淡褐色，极细软。

生态分布：生活在潮下带浅海，为少见种。

86. 云石肌蛤 *Musculus cupreus* (Gould, 1861)

标本采集地：新开口，采泥。

形态特征：贝壳小，壳长 11 mm，壳高 6 mm，壳宽 5 mm，壳顶略凸，壳质薄不透明、呈椭圆形。两壳相等，两侧不等。壳顶位于壳前端背缘。壳前缘圆、腹缘略直，背缘呈弧形，后缘较细圆。壳表有细放射肋，前区放射肋少，有 15～20 条；后区多，有 25～30 条；中区光滑无肋；呈青绿色，有的个体略显灰白色。贝壳内面颜色略与壳表同，肌痕不明显。铰合部无齿；韧带短，位于壳背缘，呈褐色。足丝孔不明显，足丝细软。

生态分布：栖息在潮下带 30 m 以内的浅海底，有巢居习性，多生长在养殖绳架的缝隙中和海鞘动物的被囊中，或以足丝与泥沙混合将贝壳包起生活。分布于昌黎近海，为较少见种。

江珧科 Pinnidae

江珧俗称大海红，是名贵的海珍品。其主要特征是壳形较大，呈三角形；壳质较薄而韧。壳顶尖细腹缘凸，背缘较直或略凹，后缘宽大。江珧科的种类绝大多数营埋栖生活。雌雄异体，多数产卵季节在春季和夏季。为暖水性种，广泛分布在世界各大洋和暖水区。多栖息于潮下带 50 m 以内的浅水区。

87. 栉江珧 *Atrina pectinata* (Linnaeus, 1767)

标本采集地：新开口，底栖生物拖网。

形态特征：贝壳大，呈三角形，较大的个体壳长 230 mm，壳高 120 mm，壳宽 40 mm。两壳相等，两侧不等。贝壳顶部较细。背缘直或略凹，腹缘后半部呈圆形，后缘直，呈截形。壳面较凸，呈黑褐色，幼小个体壳较透明而颜色浅；放射肋有 10 条左右，每条肋上有三角形或"人"字形小棘；小棘排列痕不规则，壳后端明显。生长纹细密，不规则，往往在腹缘呈褶状，贝壳内面颜色与壳表略相同，可前半部具有珍珠光泽。铰合部无齿；韧带细长、褐色，位于背缘。闭壳肌发达前闭壳肌小。呈长圆形，位于壳顶下方；后闭壳肌大，呈马蹄形，位于贝壳中部。外套壁薄，具有明显的纤毛管。外套腺粗大，位于肛门孔上方。足丝孔不明显；足丝细，极发达。

生态分布：栖息在 50 m 以内的浅海底，幼虫附着后终生不再移动，它的贝壳尖端部插入泥沙中而足附着在沙粒上生活。其肉味鲜美，营养丰富，是名贵的海珍品。本种分布于河北省近海东北部砂质及沙泥质的浅海。由于过度采捕目前数量不多。

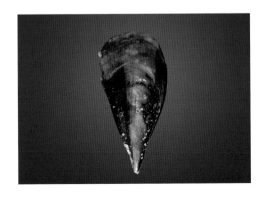

珍珠贝目 Pterioida

贝壳厚，多数两壳不等，一般右壳较平，左壳较凸。壳背缘直，具长短不等的耳状突起。壳表生长纹明显，有的具鳞片，有的有各种放射肋。贝壳内面珍珠层厚，具珍珠光泽。铰合部无齿或具少数齿状突起。韧带形状因种而异，有细长形的外韧带，有三角形的内韧带，有垂直背缘的多个韧带。外套触手发达，有的还有外套眼。前闭壳肌缺，后闭壳肌发达，近壳中央。外套缘无愈合点。鳃的结构与贻贝相同。足细长，足丝发达，固着生活的种类足退化。

多为暖水性种，营底上生活或固着生活，有的以足丝附着，有的以贝壳固着，还有的能自动脱落足丝在水中自由游泳。闭壳肌发达，肉味鲜美，为有名的海珍品。有许多种是重要的养殖和捕捞对象。全部海产。世界各大海域皆有珍珠贝目的种类，尤以热带海域的种类最为丰富。

扇贝科 Pectinidae

扇贝又称海扇，是经济价值较高的海珍品。壳多呈圆扇形，多数种类两壳不等，两侧等或不等。壳较坚硬，深水生活的种类壳薄脆、透明。壳背缘直，壳顶位于背缘。壳顶两侧具耳状突起；两耳等或不等，有的右壳前耳下方具有明显的足丝孔和细栉齿。多数种类壳表具有美丽的色彩和精细的雕刻。贝壳内面呈白色或浅色，有与贝壳相应的肋和沟，有的种类具内肋。韧带褐色，位于壳顶下方三角形的韧带槽中。闭壳肌一个，肥大，位于体中部。外套薄，外套缘厚，具有长短不一的触手，多数种有发达的外套眼；有的种的外套眼仅见于左侧外套缘；外套眼发达，有晶体和视神经等。外套缘无愈合点，皆具较宽的缘膜，一般缘膜具小触手。足细长，呈棒状，基部具足丝孔。足丝细，发达。

扇贝科种类的生活方式因种类的不同而有各式各样：有的以足丝营附着生活；有的自由自在地在地表或微埋入泥沙中生活；有的还能生活在珊瑚动物群体中。但无论是附着生活还是自由生活，绝大多数种类都善于在海水中自由游泳。它们利用发达的闭壳肌开合双壳，在水中上下做蝶式运动，而较小的个体游泳更为活泼。扇贝有雌雄异体和雌雄同体两种类型，繁殖期多在春秋季节，卵子排至海水中受精发育。生长速度较快，一般2年左右即可长成。有的种像海湾扇贝，当年产卵当年即可长成。它们有冷水种也有暖水种，广泛分布于世界各大海域和海湾。我国南北沿海分布也较普遍，但仅见于潮下带浅海底，有些种则为数百数千米水深的常见种。它们肉味鲜美，营养丰富。干制品"干贝"为宴席上的海珍品，贝壳花色鲜艳美丽，为价值较高的玩赏品或装饰品，有些国家还从扇贝肌肉中提取药用原料等。

88. 栉孔扇贝 *Chlamys farreri* (Jones & Preston, 1904)

标本采集地： 老龙头、金山咀、新开口，底栖生物拖网。

形态特征： 贝壳大，略呈圆扇形，一般壳长 75 mm，壳高 78 mm，壳宽 28 mm。两壳及两侧均略等。背缘较直；壳顶位于背缘，略凸；腹缘为圆形。两耳不等，前大后小，略呈三角形，右壳前耳具有较明显的足丝孔和数枚细栉齿。壳表呈浅褐、紫褐和橘黄等色，少数个体，呈灰白或浅驼色；生长纹细密，具有粗细不等的放射肋。左右两壳放射肋不同，左壳具有 10 条左右的主肋，主肋间还有小肋；右壳约有 20 余条不很规则的肋，肋上具有不整齐的小棘。贝壳内面颜色浅，多呈浅粉色或浅灰色；肌痕略显，闭壳肌痕大而圆，位于壳中部；具有与壳面相应的肋和沟。铰合部韧带褐色，位于三角形的韧带槽中。外套缘较厚，具有发达的外套触手和眼。足丝细，较发达。

生态分布： 主要栖息在低潮线至水深 50 m 的浅海，底质多为岩石、沙砾和含碎壳的沙泥底。一般以足丝营附着生活，但当环境不利时，能自脱足丝开合双壳在水中自由游泳；当遇到合适的附着基的时候，能伸出足，又分泌新的足丝，再营附着生活。生长水温为 5 ~ 25℃，5℃以下停止生长，15℃左右生长速度较快。繁殖季节 5—9 月，水温一般在 16℃左右开始产卵。面盘幼虫开始长大到 180 µm 左右即开始附着。肉味鲜美，干制品"干贝"是名贵的海珍品，也是底播、筏式养殖品种。分布于滦河口以北至老龙头沙、沙砾底质，水质清澈的浅海。为常见种。

 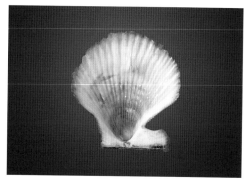

89. 平濑掌扇贝 *Volachlamys hirasei* (Bavay, 1904)

标本采集地： 涧河，底栖生物拖网。

形态特征： 贝壳中等大，略呈圆扇形。一般壳长 60 mm，壳高 57 mm，壳宽 23 mm。两壳微不等，两侧相等。两耳较大，不等，呈三角形，右壳前耳下方具有较明显的足丝孔和数枚小栉齿。壳顶位于背缘，尖而较低，夹角近90°。右壳略较左壳凸，两壳表均呈白色、淡粉色或驼色等，具有各种褐色花斑；放射肋有较大变化，有的光滑，有的肋略显，还有的具有 13 ～ 17 条明显的肋。肋等宽、规则、光滑无棘。生长纹细密，不很明显。贝壳内面颜色与壳皮相似，但略浅；闭壳肌痕很不明显，近壳缘处具有与壳面相应的肋和沟。铰合部直，韧带深褐色，位于三角形韧带槽中。外套薄，外套缘较厚，具有较发达的外套触手和眼。足丝细，不很发达。

生态分布：仅见于潮下带，栖息于水深 15 ～ 35 m 的浅海硬泥沙及碎贝壳底质。分布于渤海湾西部，底拖网中偶尔捕获，为少见种。

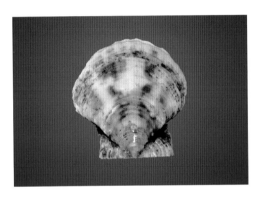
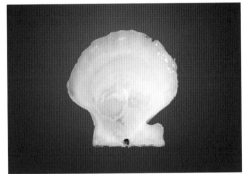

90. 嵌条扇贝 _Pecten_ (_Notovola_) _albicans_ (Schroter, 1802)

标本采集地：涧河，底栖生物拖网。

形态特征：贝壳较大，呈圆形，一般壳长 81 mm，壳高 73 mm，壳宽 21 mm。壳较薄但极坚硬，两侧等，或两壳极不等。背缘直，前后缘及腹缘呈圆形。两耳相等，皆呈三角形，无足丝孔和细栉齿。左壳平或略凹，具有 8 ～ 10 条较宽的放射肋；肋整齐、光滑，无生长鳞片和小棘。生长纹细密、不规则；壳表呈粉紫或肉红色，一般放射肋的颜色略深。右壳极凸，具有 10 ～ 12 条较宽的放射肋；肋较左壳的密，光滑无棘；呈白色，壳顶附近具有淡紫色细斑。贝壳内面左壳呈粉红色，右壳呈白色，两壳皆有与壳面放射肋相应的肋和沟；闭壳肌痕近壳的中后方，虽大，但不明显。铰合部直，韧带较小，位于三角形的韧带槽中韧带槽的两侧具有齿状小突起。

生态分布：栖息在潮下带至水深 30 m 的浅海。多分布在渤海湾内最深的水域，在底栖生物拖网中较常见，但数量很少。

91. 海湾扇贝 *Argopecten irradians* (La-marck, 1819)

标本采集地：新开口。

形态特征：贝壳呈圆形壳面较凸，壳色有变化，多呈紫褐色，灰褐色或红色，常有紫褐色云状斑；两壳放射肋约有 18 条，肋上长有小棘，壳内近白色，闭壳肌痕略显；铰合部细长。

生态分布：生活在浅海泥沙质海底，本种为引入种，在河北省东部近海已大规模养殖，是一种较好的经济贝类。

 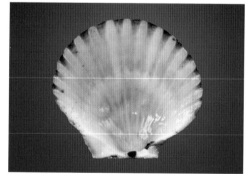

不等蛤科 Anomiidae

不等蛤又称金蛤，这是一个种类较少的科，壳多呈不规则的圆形，较扁平，壳质薄呈云母状，有的壳半透明。两壳不等，左壳较凸，右壳平。生长纹极细密、较明显。左壳呈白色，近壳顶处呈黄铜色，有的呈浅橘红色，略具珍珠光泽，放射肋细，不明显，无小棘。右壳呈白色，近壳顶部有明显的足丝孔。贝壳内面色浅；肌痕略显，闭壳肌痕只有 1～2 个后肌痕。铰合部无齿，韧带小，呈棕褐色。外套缘厚，具触手，无水管。足丝石灰质化，较发达。

本科种类虽少，但分布面广，世界各大洋都有它们的踪迹。从潮间带的中、下区到潮线下 50 m 深的海底都可发现金蛤。它们用石灰质化的足丝固着在海洋中的石块、木桩、红树和船底等物体上生活。肉味甘美，营养丰富，可鲜食或干制。由于有些种类能大量附着生活在船底、水管和水塔中，常常造成一定的危害，因此，也是常见的有害附着生物。

92. 盾形单筋蛤 *Monia umbonata* (Gould, 1861)

样本采集地：渤海湾中部。

形态特征：壳长 30.0 mm；贝壳呈卵圆形，扁平，壳质较薄，壳顶稍突出；壳面呈淡粉色，壳表密布细的放射肋或放射褶，并具小棘；右壳较平，半透明，多呈白色，壳顶下方有一较大的足丝孔。

生态分布：生活在潮下带水深 30 m 左右的水域，以足丝附着在石块、贝壳等物体上。分布在曹妃甸外深水区，以石灰质的足丝固着在石块、贝壳等物体上。为少见种。

 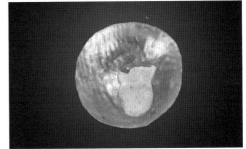

93. 中国不等蛤 *Anomia chinensis* (Philippi, 1849)

标本采集地：山海关、老龙头。

形态特征：壳形不规则多近亚圆形。一般壳长 36 mm，壳高 34 mm，壳宽 6 mm。两壳及两侧均不等，壳质薄，幼小个体的壳呈半透明状。左壳略凸，稍大于右壳，壳呈浅橘色、金黄或浅黄等色，略具珍珠光泽；生长纹细密、不明显；放射肋极细，多于壳缘处呈褶皱状。壳顶尖而低，略显。

右壳平，呈白色或青白色，无放射肋；生长纹细密，不规则；壳前端具有卵圆形的大足丝孔。贝壳内面颜色较壳表浅，略具光泽；肌痕较明显，有一个大的足丝肌痕及两个后闭壳肌痕。铰合部无齿；韧带小，棕褐色。足丝石灰质化，极发达。

生态分布： 在潮间带的中、下区有石灰质的足腺固着在岩石或石块等物体上生活，分布在秦皇岛近海的岩礁岸段，为较常见种。

94. 中国金蛤 *Anomia sinensis* (Philippi, 1849)

标本采集地： 曹妃甸外。

形态特征： 贝壳近圆形或椭圆形，长高比例有变化。壳质薄而脆。左右两瓣壳部同形，不等大；左壳大，较凸起，壳质也较厚，生活时位于上方。右壳小，平坦，壳质较薄，生活时位于下方。壳顶不突出，位于背缘中央。壳缘为圆形，常有不规则的波状弯曲。铰合部狭窄，在左壳呈贝壳的层状加厚状态。无齿的分化，只有数片片状突起。右壳壳顶具一卵圆形足丝孔。

生态分布： 足丝附着在牡蛎壳上。分布于渤海湾北部的深水区，数量不多，为少见种。

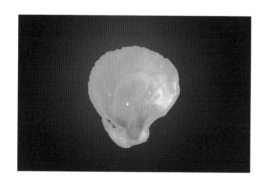 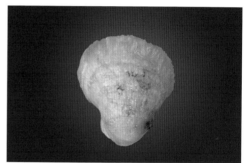

牡蛎科 Ostreidae

贝壳呈长形或卵圆形，不规则，壳质坚实。两壳不等。下壳称左壳，用以固着，较大而厚，内较凹，表面放射肋较多而清楚。上壳称右壳，较左壳小而平，表面常较平滑，放射肋常不明显，数目较左壳少，常具有鳞片层。两壳壳顶的大小随年龄的增长愈益不等，左壳壳顶极突出，向前或向后卷曲，常延长，形成一个长而窄的、具有横隔状生长片的延长部。铰合部无齿有时具有粒状小齿，其中央有一极发达的内韧带槽。闭壳肌痕显著，位近中央的稍后方。外套痕不清楚，外套膜张开，边缘具触手，足退化，无足丝。两鳃几乎相等，在后端愈合。心脏常在直肠的腹侧，也有被直肠穿过的。

本科动物完全生活在海水中，分布于热带、亚热带和温带各海区，寒带种类很少，两极尚没有发现。全世界约有百余种，我国已发现 20 余种，但黄渤海沿岸分布的种类较少。由潮间带到水深 20 m 左右的范围一般有牡蛎生活，但也有的种类仅生活在潮间带，也有的种类生活在稍深的潮下带。

牡蛎为杂食性动物，以浮游动物、硅藻以及有机碎屑为食料，与一般瓣鳃纲动物相同，食物是靠进入体内的水流带至体内。

牡蛎的用途很广，其肉味鲜美，营养丰富，加工品有蚝豉、蚝油及各种罐头等。其贝壳既可做药用，还可以作为烧石灰的原料。因此，世界各国对牡蛎都非常重视，不但采集自然生活的种类，而且还对某些种类进行了人工养殖，我国养殖牡蛎已有很悠久的历史，在宋代就有"插竹养蚝"的方法，我国福建、台湾、广东和广西诸省对养殖牡蛎都有丰富的经验，近年来北方沿海对牡蛎也开始了养殖。

95. 大连湾牡蛎 *Crassostrea talienwhanensis* (Crosse, 1862)

标本采集地：北港、西大尖、咀东。

形态特征：贝壳形似褶牡蛎而大，通常壳长 74 mm，壳高 112 mm，壳宽 43 mm。壳呈不规则长形，渐至腹面渐宽大，两壳大小稍不等，左壳稍大于右壳。左壳中凹，壳顶下部分附着于其他物体上，向腹缘延伸常向上翘起，并具有明显的放射肋。壳面具有紫褐色鳞片层。右壳较平，表面的放射肋明显或不明显，表面具同心环纹的鳞片层，鳞片层排列较紧密常凸出表面。壳面呈黄白色间以紫色条纹或斑点。壳内面呈灰白色，壳顶韧带槽长，呈三角形，闭壳肌痕大，为长圆形，呈紫褐色，外套痕不明显。

生态分布：生活在泥沙底质的潮间带，及浅海。以空贝壳为附着基在滩涂上形成大的牡蛎团块和牡蛎群。主要分布在唐山海区的大庄河口，石臼坨东，北港东，分布面积和资源量都很大。牡蛎的食用价值很高，有较大的市场潜力，我国的沿海各地均有养殖，目前河北省正在开发利用，要做到开发有序，同时应开展增养殖。

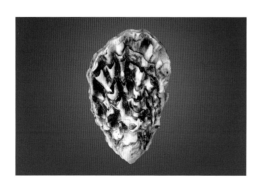
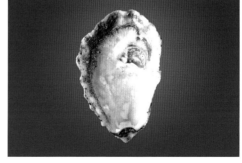

96. 牡蛎属　*Crassostrea* sp.

标本采集地： 老龙头、金山咀。

形态特征： 贝壳长 36 mm，壳高 67 mm，壳宽 27 mm，体形有变化，两壳大小不等，左壳稍大而中凹，右壳小而较平。左壳固着在石上或其他物体上；右壳表面具有同心环状翘起的鳞片层，无显著的放射肋，在幼壳鳞片层末端边缘通常长出舌状凸片

或尖的棘，老壳鳞片和棘减少或消失。壳面颜色有变化，通常为淡黄色，杂有紫褐色或黑褐色放射状条纹。铰合部窄无齿，韧带槽长，三角形。闭壳肌痕，呈马蹄形，黄褐色。在下壳的顶端有一较深凹穴。

生态分布： 生活在潮间带的中区，在岩石上或其他物体上营固着生活。分布在秦皇岛海区的岩礁岸段的潮间带，为常见种。

97. 密鳞牡蛎　*Ostrea denselamellosa* (Lischke, 1869)

标本采集地： 渤海湾中部深水区，底栖生物拖网。

形态特征： 贝壳有圆形、近三角卵圆形或方形。壳长 122 mm，壳高 138 mm，壳宽 56 mm。壳厚，左壳稍中凹，顶部固着，形状常不规则，腹缘环生同心鳞片，自壳顶放出明显的放射肋，壳缘有齿状缺刻，壳面为紫褐、黄褐色等。右壳较平，壳顶部鳞片常愈合，较平滑，其他鳞片较密，薄而脆呈舌片状，紧密似覆瓦状排列；自壳顶放出许多放射肋，由于放射肋使鳞片和壳缘形成波状；壳色有变化，以灰色为基色杂以紫、褐和青灰等色。壳内面呈白色，壳顶两侧常有一列小齿，有 5～8 枚。铰合线窄，韧带槽短三角形，闭壳肌底大，卵圆形，位近中部背侧。

生态分布： 生活在潮下带至水深 30 m 左右的碎贝壳泥沙质的海底，分布在渤海湾中部的深水区，为常见种。

 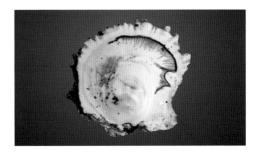

98. 长牡蛎 *Crassostrea gigas* (Thunberg, 1793)

标本采集地：涧河。

形态特征：贝壳大型，壳质坚硬，通常壳长 103 mm，壳高 360 mm（最高可达 730 mm），壳宽 52 mm。壳近长方形，两壳不等，左壳较大而中凹，壳面鳞片较右壳粗大，其后端部分固着在岩石上或其他物体上，壳顶稍突出。右壳表面较平，自壳顶向腹面鳞片环生，状如波纹，排列较疏松，层次较少。壳外表通常呈淡紫色、灰白色或黄褐色，壳内面为瓷白色，壳顶韧带槽宽大，两侧无齿，外套痕不显明，闭壳肌痕大，呈马蹄形，棕黄色，位于壳的后部背侧。

生态分布：栖息在盐度较低的海区，低潮线数米深及潮间带都能生活。虽分布较广，但数量不多。

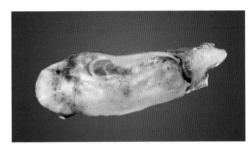

99. 近江牡蛎 *Crassostrea rivularis* (Gould, 1861)

标本采集地：涧河。

形态特征：贝壳较大，壳长 107 mm，壳高 155 mm，壳宽 46 mm，呈长卵圆形或三角形。壳质坚厚，两壳大小不等，左壳稍大，中凹，其后端部分固定在岩石或其他物体上，至后半部多向上翘起而不固着，表面生长有不规则的鳞片层。右壳略平，表面环生薄的黄褐色或紫褐色的鳞片，幼壳薄而脆，有时翘起。壳内面为白色，边缘有的呈紫灰色，铰合部无齿，韧带槽强而宽。闭壳肌痕大，常不规则，呈半圆形，或卵圆形，位于壳中部稍后。

生态分布：生活在潮下带的浅海。主要分布在渤海湾西部浅海，本次采集的是几片空壳，应该是活体不多，为少见种。

异齿亚纲 Heterodonta

帘蛤目 Veneroida

帘蛤目是异齿亚纲中种类最多的一个目。贝壳的大小、薄厚、形状多种多样，铰合部宽或窄，铰合齿少或没有，一般有前、后闭壳肌各一个，两者大小接近。鳃构造复杂；鳃丝间和鳃瓣间以血管相连，或变成肌肉质隔膜。外套膜通常有 1～3 处愈合点，水流之出入孔常形成水管；生殖孔与肾孔分开，足通常呈舌状或蠕虫状，有变化。

本目动物中的种类除淡水中生活的蚬外，其余均海产，广泛分布于全世界各海域。在我国南北沿海均有分布，但愈向南，种类愈多。其中不少有经济价值的种类，并且是养殖对象，如文蛤、菲律宾蛤仔、杂色蛤子、西施舌、竹蛏等。

蹄蛤科 Ungulinidae

贝壳近圆形，壳质较薄，但结实，壳表面较光滑，同心生长轮脉细密，有时显有褶纹。壳面呈白色，被有橄榄色或淡黄色壳皮。通常为外韧带，铰合部窄，两壳各具主齿 2 枚，其中一枚分叉，无侧齿。有二鳃板。外套膜缘仅一处愈合。肛门孔小，足孔大，足呈蠕虫状。

本科动物在我国南北沿海均有分布，但种类不多，生活在软泥及泥沙的浅海。

---

100. 灰双齿蛤 *Felaniella usta* (Gould, 1861)

标本采集地：河北省近海，采泥。

形态特征：贝壳小，壳质较薄，壳长 11 mm，壳高 10.3 mm，壳宽 6.5 mm。贝壳近圆形，长与高几乎相等，两壳大小及两侧近等，壳顶小，位近中央，两壳顶距离很近。外韧带，部分嵌入壳内部。前缘及腹缘圆，背缘向后延伸形成微呈钝角，后缘略呈截形。壳表面具有自壳顶向后缘

下方不明显的龙骨隆起，形成上方一弱的缢痕。壳面同心生长轮脉细密，微显褶痕。表面被有橄榄色薄的壳皮，壳顶附近常脱落呈灰白色。两壳各具主齿 2 枚，无侧齿；左壳前主齿和右壳后主齿均较大而顶部分叉。前闭壳肌痕呈卵圆形，后闭壳肌痕稍大

近纺锤形，外套痕简单，无外套窦。

生态分布：栖息在水深 5 ~ 30 m 的软泥沙质海底，河北省近海都有分布，为常见种。

101. 古明圆蛤 *Cycladicama cumingi* (Hanley)

标本采集地：河北省近海，采泥。

形态特征：贝壳长 32 mm，壳高 29 mm，壳宽 22 mm。贝壳膨圆近球形，壳质薄，高度略小于长度。两壳大小相等，两侧稍不等，壳顶小，靠近前方，外韧带部分嵌入内部。背缘微斜，前缘微显收缩，后缘及腹缘圆。贝壳表面呈灰白色，同心生长轮脉较细密，微显皱纹。表面被有黄褐色薄的壳皮，壳顶部分常脱落，并常被污染为黑灰色。贝壳内呈白色，微具光泽。铰合部有 2 枚主齿，无侧齿，左壳前主齿，右壳后主齿，顶部均分叉。前闭壳肌痕呈细长卵圆形，后闭壳肌痕呈纺锤形。外套痕清楚，无外套窦，足呈蠕虫状，末端膨大。

生态分布：栖息在水深 8 ~ 20 m 的细砂及泥沙质海底。分布在秦皇岛及唐山海区，为少见种。

拉沙蛤科 Lasaeidae

壳型小到中等，壳质较薄。壳色有变化，有白色、黄色或褐色。壳表有时有细的生长线和放射线状刻纹。壳顶位于近中央处，外韧带，但较弱。

铰合部有内韧带，位于铰合齿之间，外套线完整无窦。

本科动物有许多种类是与各类动物共生的。

102. 绒蛤 *Borniopsis tsurumaru* (Habe, 1959)

标本采集地：黄骅港外，采泥。

形态特征：壳小型，壳长 7.7 mm，壳高 5.4 mm，壳宽 3.1 mm，壳质坚厚。壳顶尖细，位于中央之后。壳表被以绒毛状壳皮，并有生长线和纤细的放射线。两壳的铰合部在壳顶之前各有 1 枚比较强大的主齿，壳顶之后仅有一个微小的齿状结节。内韧带，较发达。前肌痕呈长圆形，后肌痕呈圆形，外套线完整。

生态分布：生活在水深 10 ~ 20 m 的软泥或泥沙底质的海底，仅在黄骅港外发现。为少见种。

孟达蛤科 Montacutidae

壳小型，壳形为圆到椭圆，两壳相等。壳顶位于中央或中央之后。壳表平滑，有时有放射线。

铰合部主齿较弱，侧齿发达。具内、外韧带。外套线完整无窦。

103. 拟斧蛤 *Nipponomysella oblongata* (Yokoyama, 1922)

标本采集地：滦河口，采泥。

形态特征：壳形小，壳长只有 5.1 mm，壳高 2.6 mm，壳宽 1.4 mm。贝壳横向延长，形似斧蛤。壳顶位于近后端，前部细长，尖端略尖，后部宽，后端截形。小月面细长。楯面不明显。壳表的生长纹细弱。

铰合部比较弱，两壳各有 2 枚"八"字形的铰合齿，右壳者较强壮，内韧带位于两齿之间。前肌痕细长，后肌痕略呈圆形。

生态分布：生活在细砂底质的浅海，分布于滦河口外，为少见种。

104. 弓形陷腹蛤 *Curvemysella arcuata* (Adams, 1856)

标本采集地：南排河、前徐。

形态特征：壳长 7.2 mm；壳形小，其腹缘内陷形成"人"字形；壳顶后倾；右壳两个铰合齿粗壮，左壳者延长；壳表面平滑，生长线细弱。

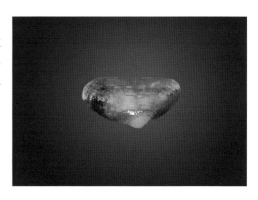

生态分布：分布于黄骅南部近海潮间带的中、低潮区，为少见种。

鸟蛤科 Cardiidae

壳型从小到大，两壳相等，较膨胀。壳顶突出，位于北部中央附近。壳通常呈圆形，其表面的刻纹主要由放射肋所构成，但有些种类放射肋退化。外韧带。

两壳的铰合部一般各有主齿2枚，前后侧齿各1枚，都很明显。外套线完整，壳的内腹缘呈锯齿状。

鸟蛤科中暖水性的种类居多，大都生活在潮间带和大陆架的范围之内。

105. 加州扁鸟蛤 *Clinocardium californiense* (Deshayes, 1839)

标本采集地： 新开口，采泥。

形态特征： 贝壳大型，壳长可达50 mm，壳高45 mm，壳宽36 mm。壳质坚厚，两壳侧扁，呈圆形，壳顶位于近中央。壳表有暗褐色壳皮，有38条左右的放射肋，肋较粗，但低平，肋间沟狭窄。有很明显呈年轮状的生长线。外韧带强大，呈黑褐色。壳内面呈白色，外套线完整，内腹线锯齿状。前肌痕呈肾脏形，后肌痕呈圆形。铰合部是本科典型结构。

生态分布： 生活在水深10～30 m的泥沙质海底，仅在新开口外海采到1枚幼体。为少见种。

106. 滑顶薄壳鸟蛤 *Fulvia mutica* (Reeve, 1844)

标本采集地： 北戴河，底栖生物拖网。

形态特征： 壳型较大，壳长和壳高均可达到50 mm以上。贝壳薄脆，近圆形，两壳极膨胀。壳顶突出，位于背部中央稍微偏前，小月面呈长卵圆形，楯面呈梭形。外韧带发达，突出于铰合部之前。壳表有46～49条放射肋，肋生有竖立的皮质膜。铰合部狭长，右壳的2枚主齿背腹排列，腹面者较大，前后侧齿各1枚。左壳2枚主齿前后排列，前后者较大，前后各有1枚侧齿。前肌痕很大，呈卵圆形，后肌痕较小，呈圆形。外套线完整。

生态分布： 分布于北戴河外近海，数量不多。为少见种。

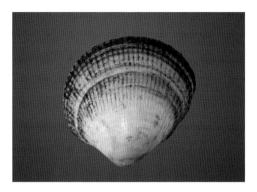

蛤蜊科 Mactridae

　　蛤蜊科的种类虽不很多，但有些种个体大，肉鲜嫩味美，营养丰富，自古以来为筵席上的佳肴。它的贝壳有三角形、卵圆形及长方形等。壳质薄韧，两壳对称、关闭或略张开，一般小月面及楯面清楚。生长纹细密，无宽大而明显的放射肋。韧带的结构较特殊，分内、外两部分，外韧带较小或缺；内韧带强大，位于壳顶下方大韧带槽中。韧带槽斜、呈三角形或梨形。铰合部较宽大，左壳在韧带槽的前方有"人"字形的主齿，其后端常有附属片；右壳主齿多呈"八"字形，位于韧带槽的前方。侧齿不固定，常呈片状，左壳为单片，右壳为双片。肌痕及外套窦明显；水管长，愈合。足大，侧扁、无足丝。

　　多数种栖息在潮间带的中、下区和潮下带水深百米以内的浅海海底，少数种类能生活在水深数百米以上的深海。它们既有冷水种也有暖水种，世界各大洋都有它们的踪迹，而以热带海域的种类较为丰富。营穴居生活、贝壳埋栖在细砂或泥沙中而以水管伸出地面摄食和排泄，潜沙的深度随种和年龄的不同而各异。春夏季生殖腺成熟，卵子在海水中受精和发育。蛤蜊科是经济价值较大的一个科。有些种类像西施舌，个大，肉特别鲜美，而且生长速度较快，人人皆喜食，因此成为我国滩涂养殖中的重要品种。四角蛤蜊和中国蛤蜊等在某些地区生长密度大，繁殖也较快，是重要的采捕对象。

107. 中国蛤蜊 *Mactra chinensis* (Philippi, 1846)

　　标本采集地：曹妃甸东、北港、洋河口，底栖生物拖网。

　　形态特征：贝壳中等大小，呈三角形，壳质较薄且较坚韧，较大的个体壳长58.5 mm。壳高42.5 mm，壳宽29.5 mm。壳顶凸，位于背缘中部稍靠前方。壳前缘和后缘皆呈圆形，背、腹缘呈弧形。小月面及楯面宽大，呈长心脏形。两壳相等，两侧不等。壳表呈黄褐色或蓝褐色，光滑具光泽。生长纹后端较细密，近前腹缘逐渐变粗呈凹线状；无放射肋，有些个体具有粗细不等的不明显的放射线或带。贝壳内面呈白色或浅蓝色，肌痕较明显，外套窦较宽短。铰合部狭长，韧带褐色、较大，位于三角形的韧带槽中；左壳主齿呈"八"字形，位于韧带槽的前方；右壳主齿呈"人"字形；侧齿左壳前、后方各有 1 片，右壳有 2 片。外套缘内缘具有细触手。

生态分布： 穴居于低潮线及以下的砂质海底中，肉味鲜美，可供食用。主要分布在南堡以东，唐山、秦皇岛近海的沙质浅海海底，密集区产量较高。应加强管理，以免过度采捕。

108. 四角蛤蜊 *Maotra veneriformis* (Reeve, 1854)

标本采集地： 咀东、北港。

形态特征： 贝壳中等大，极凸，近四角形。一般壳长 48.5 mm，壳高 46.0 mm，壳宽 36.5 mm。壳顶凸，位于壳背缘中部稍偏前方。小月面及楯面极明显，呈心脏形。外韧带细薄，不明显。壳表面呈白色或浅灰绿色，近腹缘处呈黄褐色；无放射肋；生长线细密，近壳顶部不明显而至壳腹缘逐渐变粗且凹凸不平。

贝壳内面呈灰白色；内韧带发达，呈三角形，位于壳顶后方斜三角形的韧带槽中。左壳主齿呈"人"字形；主齿后方和韧带前有一个片状齿；右壳主齿常呈"八"字形。两壳侧齿均极发达，呈片状，左壳为单片，右壳为双片。肌痕较明显，外套窦不深，略呈长方形。两水管愈合、较长。外套内缘具有分枝的触手。

生态分布： 生活在沙泥底质潮间带及低潮线以下的浅水区，埋栖 5 ~ 10 cm，以水管伸出地面摄食和排泄。4—6 月间性腺成熟。是河北省产量较大的常见种，主要分布在滦南、乐亭及黄骅的南部近海，由于开发利用较晚，分布密集区尚能形成一定的生产规模，应加强封滩管理，并采用移植等方式，扩大分布面积。

109. 西施舌 *Coelomactra antiquata* (Spengler, 1802)

标本采集地：新开口、黄骅港外，底栖生物拖网。

形态特征：贝壳大，呈三角形，壳顶薄而坚韧，一般壳长 69.5 mm，壳高 58.7 mm，壳宽 36.8 mm。壳顶略凸，位于壳背缘中部略偏前方。小月面呈心脏形；楯面狭长，呈披针状。壳表呈黄褐色，有些个体壳顶部呈淡紫色，光滑具光泽。无外韧带。生长纹细密、较明显。贝壳内面呈淡紫色，往往壳顶部色较深。内韧带呈棕褐色，铰合部宽，呈三角形。左壳主齿 1 枚，呈"人"字形；右壳主齿 2 枚，呈"八"字形。两壳侧齿发达，呈片状，左壳为单片，右壳为双片。肌痕较明显。外套窦短宽，前端细圆；闭壳肌痕较小，后者大于前者，皆呈卵圆形。足较大，侧扁，肌肉发达，呈舌状。

生态分布：栖息在低潮线下至水深 20 m 左右的浅海底。个体潜入泥沙中营穴居生活。个体大，壳薄，肉味甘美，营养丰富，为海产珍贵补品，是滩涂浅海养殖经济价值较高的贝类。该种分布于渤海湾南部及昌黎七里海近海，为较常见种。

110. 秀丽波纹蛤 *Raetellops pulchella* (Adams & Reeve, 1850)

标本采集地：河北省近海，采泥。

形态特征：贝壳小，壳质极薄脆，呈三角形或椭圆形，较大的个体壳长 13.5 mm，壳高 9.5 mm，壳宽 6.5 mm，壳前缘圆，腹缘呈弧形；后缘细而略尖，微开口。壳顶约位于背缘中部，较凸。小月面大，明显，略呈心脏形。壳表呈白色，近壳缘处略显淡黄色。壳面不平，绕壳顶为规则的起伏波浪状；无放射肋；生长线极细密、略斜、不规则。贝壳内面呈白色，略具光泽，有与壳面相应的波纹；肌痕较明显，前、后闭壳肌痕皆呈椭圆形，外套窦大，较宽圆。外韧带小，极薄；内韧带较大，呈三角形，位于壳顶下方的韧带槽中、略斜。铰合部窄，右壳在韧带槽前方具有"人"字形主齿，往往前片与一小片愈合而仅留有一小凹；

左壳主齿"八"字形，其前方有薄齿片；前、后侧齿细长，片状。水管愈合，较细长，略呈浅黄褐色。足扁平，末端较尖细。

生态分布：生活在低潮线以下至 30 m 的浅海底，穴居于软泥及细砂中，是河北省近海分布较普遍的常见种。

斧蛤科 Donacidae

斧蛤科无论在种数上，还是在个体大小上，都是一个比较小的科。但由于它有着较特殊的生活习性，即不少种类能借助浪激的力量随潮汐的涨落而上下移动，所以往往被视为有趣的研究对象。在形态结构上，也有着与其他双壳类明显的区别。一般壳质较厚、呈三角形。两壳相等，两侧不等，不开口。壳顶明显，偏后方，顶角近90°。壳表面平滑或具有雕纹；外韧带短，呈深褐色，较凸出。铰合部相当发达，一般左右两壳各具主齿 2 枚，侧齿不固定。右壳的前、后侧齿较明显，左壳有相应的齿槽。外套窦深，较明显。外套缘具有细突起；两水管发达，中等长，分开。鳃近三角形，足大而尖。

本科的种类，皆见于潮间带的中区和下区，少数种类生活在潮下带较浅的水域，栖息底质多为砂质或泥沙质海滩。足肌肉发达，多数种能随潮水的涨落在潮间带自由地垂直移动。肉质部较小，经济价值不大。广泛分布于世界各大洋，但以暖水性的种类较多。

111. 九州斧蛤 *Tentidonax kiusiuensis* (Pilsbry, 1901)

标本采集地：洋河口、滦河口南。

形态特征：贝壳小、薄，呈长直角三角形，一般壳长 11 mm，壳高 6 mm，壳宽 4 mm。壳前缘长，后缘短。壳顶较明显，成 90° 的角。壳表近白色而略显淡黄色，光滑具光泽，一般有 2 条由壳顶射出的棕褐色带：一条向前；另一条向后方。生长纹细密，较明显。贝壳内面颜色较浅，壳

缘光滑，只在腹缘后端有数枚小齿，肌痕不明显。铰合部较发达，左壳有 2 枚宽大而分开的中央齿，1 枚位于中央齿附近的前侧齿和一枚短而高的后侧齿；右壳具有 1 枚大型分叉的中央齿及局限于深陷处的侧齿，左壳的齿便插入这一深陷处；沿右壳前上缘有 1 条长而窄的沟，当闭壳时，左壳上缘即插入其中。

生态分布：栖息在潮间带中、低潮区细砂底质的海滩中，一般潜沙不深，水管伸出地表。分布于乐亭东部至昌黎细砂质海滩。为常见种。

樱蛤科 Tellinidae

樱蛤科以种类繁多，数量大和分布极普遍而有名。它的许多种类是温带和热带海潮间带和潮下带动物区系的主要组成部分，有的可考虑为养殖对象。但由于它们的形态结构细致而变异性较大，在种类鉴定上较困难，种属名称比较混乱，因此会引起各学派的重视而对其进行深入研究，所以无论是在分类或生态研究上樱蛤科都处于较重要的位置。它们的主要特征是贝壳扁平，壳质较薄，呈椭圆形或三角形。两壳及两侧均不等，稍开口，多数种壳后部稍向右弯曲并具有不同程度的放射褶。壳表面光滑具光泽，有极细的生长轮脉和生长纹，有的还有放射线纹和彩带。外韧带比较明显，呈褐色。铰合部发达，每扇壳上有 2 枚中央齿（主齿），右壳的前主齿及后主齿较大，并明显裂开；侧齿有变化，一般右壳的前、后侧齿较发达，而左壳的不明显。外套窦深，与外套线汇合，有些种两外套窦的形状不同。鳃叶平滑，外叶向上，有时很小。唇瓣大，呈三角形。足大，有的有足丝孔。两水管发达，细长，自基部分开。

樱蛤科的种类多且分布面极广，世界寒、温、热带各海域都有它们的种类，我国沿海已发现 50 种左右。多数种在潮间带和潮下带的泥沙中营穴居生活，有些种能潜入沙中很深，而以长水管伸出地面摄食和排泄废物。肉味鲜美，营养丰富，有些种类大且生长速度快，可考虑为滩涂养殖品种，本科种还可以入药，有较好的消炎、解热功效或为滋补佳品，有的贝壳可做装饰品。

112. 红明樱蛤 *Moerella rutila* (Dunker, 1860)

标本采集地：北港、西大尖、咀东、南排河。

形态特征：贝壳薄，有时半透明，近椭圆形或三角形，大者壳长 24 mm，壳高17 mm，壳宽 8 mm。两壳略相等，壳两侧不等。壳顶约居中央，较长的个体壳顶稍靠后方。壳前缘较圆，腹缘呈弧形，后缘较细。外韧带短，呈褐色，较明显。壳色有变化，呈白、黄、红等色；壳表光滑具光泽，生长纹细密，较规则。贝壳内面呈白色或淡红色，铰合部较窄，左右两壳各具主齿 2 枚，左壳的前主齿和右壳的后主齿皆较大，且分叉。右壳的前侧齿约靠近中央齿，但变化较大，有的为 1 个小凸起，有的形较长；后侧齿小，有的退化。肌痕略显，前闭壳肌痕呈卵圆形，后闭壳肌痕上部较尖细；外套窦大，呈三角形，较明显。

生态分布： 为潮间带中、低潮区的常见种。营穴居生活，贝壳埋栖在泥沙中，水管伸出地表面摄食和排泄。分布于唐山海区、沧州海区潮间带。

113. 彩虹明樱蛤 *Moerella iridescens* (Benson, 1842)

标本采集地： 老龙头、新开口、滦河口、北港、咀东、南排河。

形态特征： 贝壳呈三角形或略近长椭圆形，壳质薄。一般壳长 20 mm，壳高 12 mm，壳宽 6 mm。壳两侧不等，前后端开口。壳顶稍靠后方，居中央者极少。外韧带较凸，呈黄褐色。壳前端圆，腹缘略直，后缘较细。壳表面呈白色而略带粉红色，光滑具光泽；同心生长纹细密，较规则；无放射肋，仅后端略有小纵褶。贝壳内面颜色与壳表略相同，肌痕较明显；外套窦深，前端与前闭壳肌痕相连，全部与外套线汇合。铰合部较窄，两壳各具主齿 2 枚，左壳的前主齿和右壳的后主齿较大且分叉。右壳侧齿较明显；前侧齿短，靠近中央齿，有的强弱有变化；后侧齿有时很弱或不存在，一般左壳无侧齿。外套缘较厚，两水管分离。

生态分布： 生活在潮间带至潮下带 30 m 的浅海海底。穴居于细砂或泥沙中，水管能自由伸至地表面摄食和排泄。本种广泛分布于河北省近海，但数量不大，为常见种。

114. 小亮樱蛤 *Nitidotellina minuta* (Lischke, 1872)

标本采集地： 南排河、岐口，采泥。

形态特征： 壳小，壳质极薄，半透明，呈三角形或椭圆形。较大的个体壳长15.0 mm，壳高9.0 mm，壳宽3.2 mm。壳顶略显，偏背缘后端。外韧带极短，较凸，呈黄褐色。壳前端圆形，腹缘略直，后缘常呈截形。壳面呈白色，略显浅虹光彩。生长纹及生长轮脉较明显。多于贝壳中部成锐角相交；无放射肋，壳后端有一条由壳顶斜向后缘较宽而略凹的放射沟。贝壳内面颜色略与壳表相似，呈白色，具虹光；肌痕不明显，外套窦较深，全部与外套线汇合。铰合部较窄，左右两壳各具中央齿2枚，皆呈"八"字形；侧齿细长，靠近中央齿。

生态分布： 生活在低潮线以下至30 m的浅海底，穴居于软泥和细砂中。分布于渤海湾西部的黄骅近海，为较常见种。

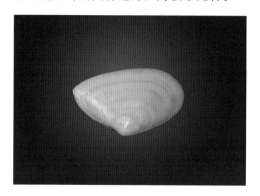

115. 浅黄白樱蛤 *Macoma tokyoensis* (Makiyama, 1927)

标本采集地： 洋河口，底栖生物拖网。

形态特征： 贝壳大，壳质厚，略呈椭圆形。较大的个体壳长48.0 mm，壳高34.0 mm，壳宽16.8 mm。两壳及两端均不等，贝壳向右弯曲度较大，稍开口。壳顶约位于贝壳中部，稍凸。外韧带较长，呈褐色，壳前端圆而宽，后端较细，略有小沟。壳表呈乳白色，近壳顶或壳前半部呈深黄色，壳缘处多具灰褐色壳皮，一般壳皮易脱落；生长纹粗细不等，不很规则，壳后端具有放射褶。贝壳内面呈白色或显浅红色；壳缘较薄，光滑无缺刻。铰合部细，两壳各具2枚较发达的主齿，左壳的前主齿及右壳的后主齿大而分裂；前、后侧齿在右壳较明显，左壳缺。肌痕明显，外套窦大，左壳的接近前闭壳肌痕，几乎全部与外套线汇合；右壳的较小，约有一半与外套线汇合。

生态分布： 生活在低潮线以下至水深 30 m 的海底，营穴居生活。贝壳埋在泥沙中，而以水管伸出地面摄食和排泄。个体大，肉可食用。发现于河北省东部海区。为少见种。

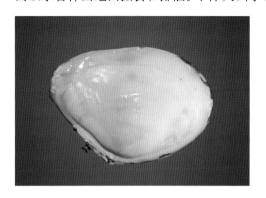

116. 异白樱蛤 *Macoma*（*Macoma*）*incongrua*（Martens, 1865）

标本采集地： 北戴河、山海关。

形态特征： 壳形变化大，一般呈三角形或椭圆三角形。较大的个体壳长 27.0 mm，壳高 21.0 mm，壳宽 11.5 mm。壳较凸，壳质坚厚，后端稍开口。壳两侧不等，前缘和腹缘圆，后缘较细。壳顶凸，偏后方；小月面和楯面略显；外韧带短，呈褐色。壳面呈灰白，具灰、浅绿或浅棕色壳皮；同心生长线较细而不规则，至壳后端往往更粗糙。贝壳内面呈白色，略具光泽；肌痕较明显，前闭壳肌痕大，呈椭圆形；后闭壳肌痕小，近圆形；两外套窦不等，左壳大而右壳小，外套窦下界有变化，部分或完全与外套线汇合。铰合部较发达，每壳各有主齿 2 枚，左壳的前主齿和右壳的后主齿较大且分叉，无侧齿。

生态分布： 营穴居生活，埋栖在潮间带与潮线下 10 m 左右的泥沙中或沙砾间，分布于河北省近海中、东部海域，为常见种。

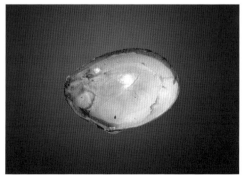

117. 江户明樱蛤 *Moerella jedoensis* (Lischke, 1872)

标本采集地： 河北省近海。

形态特征： 贝壳较小，略呈三角形或长椭圆形，较大的个体壳长 21.8 mm，壳高 13.5 mm，壳宽 6.5 mm。壳薄，前后端开口。壳顶略显，位于壳中部稍靠后方。外韧带凸，呈浅褐色。两壳及两侧均不等；壳前端较宽圆，后端较细。壳表光滑，呈白色或玫瑰红色等，有时有玫瑰红色放射点；生长轮脉较明显，有时形成褶，某些个体放大时可见细放射线。贝壳内面与壳表颜色相似；铰合部狭，两壳各具主齿 2 枚，皆呈"八"字形；右壳前侧齿较凸，略呈三角形；有的个体较薄，距主齿较远，后侧齿形狭长；左壳前后侧齿不明显。肌痕略显，外套窦宽而较深，前端接近前闭合肌痕，全部与外套线汇合。

生态分布： 生活在潮间带与潮线下 20 m 以内的浅海底，贝壳埋栖在泥或泥沙中，一般可潜入泥沙 10 cm 左右。水管伸出地面摄食和排泄。分布较普遍，为常见种。

118. 扁角樱蛤 *Angulus compressissimus* (Reeve, 1869)

标本采集地： 北戴河、洋河口。

形态特征： 贝壳略呈长三角椭圆形，扁平，壳质薄，半透明。最大的个体壳长 31 mm，壳高 17 mm，壳宽 5 mm。两壳略相等，壳两侧不等。壳顶约位于壳中央。外韧带短，极明显，呈浅褐色。壳前端圆，后端略细，壳后端稍向后弯曲，壳两端稍开口。壳表呈白色，光滑具光泽，肌痕略显；外套窦长，几乎与前闭合肌相接，完全与

外套线汇合。铰合部窄，左右两壳各具中央齿2枚，略呈"人"字形，左壳前主齿及右壳的后主齿分叉；左壳无侧齿；右壳仅有前侧齿，多靠近前主齿。两水管细长，基部分开。

生态分布：营穴居生活埋栖在潮间带的泥沙滩中，而以较长的水管伸出地表面摄食。分布在河北省近海东部，数量不多，为较常见种。

119. 明细白樱蛤 *Macoma*（*Macoma*）*praetexta* (Martens, 1865)

标本采集地：北戴河、洋河口、新开口。

形态特征：贝壳呈长圆三角形，稍开口，壳质较薄。壳长26 mm，壳高16.5 mm，壳宽6.5 mm，两壳及两侧均不等。壳顶略凸，微偏向壳后端。壳前端圆，后缘略细，腹缘呈弧形。壳面光滑具光泽，呈浅粉红色，具有颜色深浅互交的同心带，壳后端的放射褶明显或不明显，外韧带凸，呈浅褐色。贝壳内面颜色较浅，略具光泽，肌痕较明显；两壳外套窦不等，左壳较右壳的长，但未达前闭壳肌痕，大部与外套线汇合。铰合部窄，两壳各具中央齿2枚，无侧齿。

生态分布：生活在低潮线附近与潮线下50 m以内的浅海底，分布于河北省近海东部，数量不多，为较常见种。

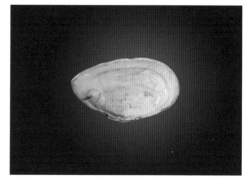

双带蛤科 Semelidae

双带蛤科的种类，虽个体较小，潮间带分布不很普遍，但是有许多种是潮下带底栖贝类的优势种。它们的形态结构比较特殊，除有外韧带外还有内韧带；内韧带位于两主齿间或主齿后的韧带槽中。多数种贝壳较小，壳质较薄，但也有壳质较厚和较大的个体。壳形因种有异，有圆形、卵圆形和三角形等。两壳相等或微不等，稍开口，壳后端略弯曲。一般铰合齿较弱，每壳有主齿1～2枚，侧齿多不固定。肌痕不很明显；外套窦深，呈圆形。足大而尖，两侧扁。无足丝。水管极长，分离。

营穴居生活，多数种栖息在潮间带和潮线下较浅水域的软泥和泥沙中，少数种类生活在数百米甚至数千米深的海底。我国南北沿海皆有它们的种类。个体小，食用价值不大。广泛分布于世界各大洋，尤以热带海域的种类最为丰富。

120. 脆壳理蛤 *Theora fragilis* (A. Adams, 1855)

标本采集地：秦皇岛港外、南堡、前徐，采泥。

形态特征：贝壳较小，扁平，壳质薄，半透明。大个体壳长 23.5 mm，壳高 12.5 mm，壳宽 7.0 mm。壳略呈长椭圆形；壳顶微显，稍偏向前端。壳前缘圆，后缘较细，腹缘呈弧形。壳表呈白色，具光泽；无放射肋，生长纹细密，略显。贝壳内面颜色与壳表相同，自壳顶至前腹缘有一条白色的细肋；细肋有变化，有的较长，有的较短或缺。具外韧带和内韧带；内韧带槽位于主齿后方、较大，呈椭圆形。铰合部右壳有 2 枚主齿，左壳有 1 枚；侧齿仅存在于右壳而左壳缺。足大，侧扁。外套缘较光滑。

生态分布：生活在低潮区至水深 30 m 的海底，穴居于泥沙和软泥中，分布普遍，数量较多，河北省近海都有分布，为常见种。

121. 小月阿布蛤 *Abrina lunella* (Gould, 1861)

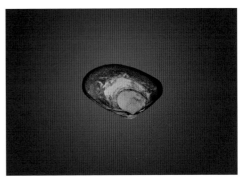

标本采集地：涧河、岐口，采泥。

形态特征：贝壳小，壳质薄，略呈三角圆形。一般壳长 10 mm，壳高 8 mm，壳宽 4 mm。两壳及两侧均不等，壳后端略向右弯。壳顶较尖，位于壳中部略偏向后方。壳前端宽圆，后端较细，略有弯和褶，腹缘呈圆弧形。壳表呈白色或乳白色，近壳缘壳皮呈土黄色；生长纹极细密、较明显。贝壳内面呈白色，肌痕不明显，外套窦较深。铰合部较细窄，左右两壳各具主齿 2 枚，右壳两主齿略等大，后主齿分叉；左壳前主齿大，略分叉，后主齿极小，内韧带呈浅黄褐色，位于主齿后方的韧带槽中；韧带槽长三角形，斜向后方，无侧齿。足大，侧扁。

生态分布：见于潮下带及 5 ～ 20 m 深的泥沙质海底，分布于河北省中西部海区，为少见种。

紫云蛤科 Psammobiidae

紫云蛤科是一个种类较多，个体较大的科，由于它的一些种类量大而肉味鲜美，也被考虑为滩涂养殖对象，又因它们多栖息在潮间带和水深百米以内的浅海底，穴居于各种深度的泥沙中，在许多海区都是数量较多的优势种，因此也是比较重要的研究对象。它们的主要特征是贝壳较大，多呈圆形或椭圆形，但亦有方形和梯形的。一般两壳略等，壳两侧不等，多数壳后端和前端稍开口。壳表光滑或具细刻纹，常被有一层薄的壳皮。外韧带发达，呈紫色。贝壳内面色浅，略具光泽。肌痕一般较明显，外套窦宽且较深，全部或部分与外套线汇合。铰合部齿丘宽大，两壳各具主齿 2 枚，少数种类主齿 1 ～ 3 枚；左壳的前主齿和右壳的后主齿较大而常裂开，一般无侧齿。外套缘具有小凸起或触手；两水管细长，分离。足侧扁，舌状，无足丝。鳃不等，外鳃瓣较内鳃瓣小。

全部海产，有些种类生活在低盐的河口附近。分布面广，世界寒、温、热带各海域都有它们的踪迹。多数种栖息在潮间带至潮线下 100 m 以内的浅海底，少数种类可生活在数百米的深海。营穴居生活，贝壳埋栖在泥沙滩或沙滩中，以较长的水管伸至地表面摄食和排泄，因种及个体大小不同可潜沙 5 ～ 50 cm 深。有些种类个体较大，肉味鲜美，可供食用。

122. 紫彩血蛤 *Nuttallia olivacea* (Jay, 1857)

标本采集地：滦河口南、新开口。

形态特征：贝壳呈圆形或椭圆形，壳质较薄而坚硬韧，一般壳长 47 mm，壳高 35 mm，壳宽 14 mm。两壳及两侧均略不等，左壳较扁平，右壳较凸。壳顶约近壳中央，略凸。壳前缘宽圆，后缘略细圆，腹缘呈弧形。外韧带极凸，呈深褐色。壳

表面呈橄榄、浅棕或紫棕等色，光滑具光泽，顶部壳皮易脱落常呈灰白色，有些个体具有 2 条自壳顶斜向后缘的浅色带。贝壳内面呈浅紫色；肌痕较明显，前闭壳肌痕细长，后闭壳肌痕近圆形；外套窦宽而长，大部与外套线汇合。铰合部齿丘发达，每扇壳上有 2 枚主齿，其中左壳的前主齿及右壳的后主齿较大而常分裂，无侧齿。

生态分布：栖息在潮间带低潮区的沙滩中。水管伸出地面摄食和排泄。分布在乐亭东部至昌黎南部的砂质滩涂区域，为少见种。

竹蛏科 Solenidae

贝壳呈细长的圆筒形或拉长的椭圆形，两壳相等，前、后端开口，壳质薄脆。壳顶低，不明显，位于背缘的最前端或近前端；背、腹缘平行或近乎平行。通常表面平滑具光泽，有细的生长线纹。铰合部仅有主齿，其数目随种类不同而异，一般为 1 ~ 3 枚；前、后闭壳肌痕相距较远；外套痕末端弯入，足肌痕明显，位于壳顶下方或靠近背缘。外套边缘大部愈合，通常水管短，两水管愈合，部分愈合或分离，末端具触手；足极发达，长柱状，无足丝；唇瓣三角形，大小有变化，鳃狭窄不等，有时鳃瓣延长伸至鳃水管中。

本科种类大部分分布于热带和温带，生活于潮间带至水深 400 余米的海域，少数种类适于生活在海水盐度较低的河口附近，或有少量淡水注入的内湾。它们利用其强大的足部挖掘泥沙，潜入泥中营穴居生活；并能依靠足部的运动，可在洞穴中上升和下降，也有的种类可以利用足部强大的肌肉急剧伸缩作短距离射出状的游泳。

绝大多数竹蛏科的种类皆可供食用，肉味鲜美，特别是缢蛏和长竹蛏具有很大的经济价值，在我国北起辽东半岛，南至广东沿海都有分布，产量也不少。缢蛏生长速度快，一年就可收获，是我国沿海滩涂重要的养殖品种之一，很久以来就被我国沿海居民所重视，如浙江和福建沿海都有著名的养蛏区；长竹蛏的产量也相当大，在食用贝类中也占有相当重要的地位。

123. 大竹蛏 *Solen grandis* (Dunker, 1861)

标本采集地：新开口、洋河口，底栖生物拖网。

形态特征：贝壳相当长，呈竹筒状，前、后端开口，壳质薄脆，壳长 100.1 mm，壳高 23.3 mm，壳宽 14.5 mm。贝壳前缘为截形，后缘近圆形，背、腹缘直，二者平行；壳顶不明显，位于贝壳最前端；韧带呈黑色或黑褐色，前端细小，后端大，近拉长

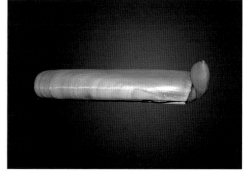

的等腰三角形，其长度约为壳长的 1/5。壳表平滑，有明显的生长线纹，并常有淡红色的彩色带，被一层具光泽的黄褐色壳皮，壳顶附近壳皮易脱落。壳内面呈白色，并常见到淡红色或略带紫色的彩带；铰合部短小，左、右壳各具 1 枚主齿；前闭壳肌痕

细长，其长度与韧带长度相近，后闭壳肌痕近三角形，外套痕明显，外套窦略呈三角形。

生态分布： 埋栖于低潮区及以下浅海的沙及泥沙质底上。分布于滦河口以北秦皇岛海区，为较常见种。其味道鲜美，是重要的经济贝类。

124. 短竹蛏 *Solen dunkerianus* (Clessin, 1888)

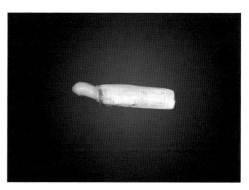

标本采集地： 河北省近海，采泥。

形态特征： 贝壳小，近长方形，壳质极薄脆，半透明，前、后端开口，壳长 15.0 mm，壳高 5.1 mm，壳宽 2.9 mm，一般壳长约为壳高的 3 倍，是竹蛏属中壳长与壳高比例最小的 1 种。壳顶不明显，位于背缘最前端，韧带为褐色，凸出。贝壳前端为截形，后端为略圆的截形；背缘直，腹缘末端略向上斜，两者平行。壳面呈灰白色，被一层淡黄色并具光泽的壳皮，靠近前端边缘处有一隘痕，生长线纹清楚。壳内面与外面颜色相近；左、右壳各有 1 枚主齿。

生态分布： 生活在 12 ～ 30 m 的浅海泥沙质海底。在河北省近海都有分布，但数量不多，为较常见种。

125. 长竹蛏 *Solen strictus* (Gould, 1861)

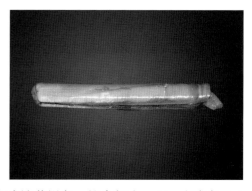

标本采集地： 洋河口、滦河口、咀东。

形态特征： 贝壳细长，呈圆筒状，壳质薄脆，壳长 98.6 mm，壳高 14.5 mm，壳宽 10.6 mm。贝壳前缘为截形，略倾斜，后缘近圆形；壳顶不明显，位于背缘最前端；韧带呈黄褐色，细长，约为壳长的 1/5；背、腹缘直，两者平行。贝壳表面光滑，生长线纹明显，被一层具光滑的黄褐色壳皮，壳顶部附近的壳皮常脱落。贝壳内面呈白色或淡黄褐色；铰合部小，左、右壳各具 1 枚主齿；前闭壳肌痕极细长，在一些个体中超过韧带长度，后闭壳肌痕近拉长的三角形，外套痕明显，前端向背缘凹入，外套窦半圆形。

生态分布： 生活在潮间带中潮区以下至潮下带浅海的砂质海底。潜入沙的深度约为 20 ～ 40 cm，栖息的密度常很大。其肉味鲜美，是一种很有开发前途的养殖种类。分布于滦南、乐亭、昌黎、抚宁沙质滩涂、浅海，为常见种。

126. 小刀蛏　*Cultellus attenuatus* (Dunker, 1861)

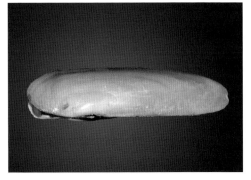

标本采集地：老龙头、北堡、南排河，采泥。

形态特征：贝壳长形，侧扁，前端圆，稍膨大，后端逐渐稍变窄，末端腹缘向上斜升，比前端尖，壳长 77.2 mm，壳高 24.0 mm，壳宽 10.8 mm。壳顶位于背缘近前端，约在壳长的 1/4 处；韧带凸出，呈黑色，形似等腰三角形。壳面平滑、具光泽，生长线纹在顶部不甚明显，向下至腹缘逐渐清楚，有时出现褶纹；壳表被一层淡黄色绿色壳皮；由壳顶至后腹缘略显一条斜线，通常斜线上方颜色较下方淡。壳内面呈白色或略显粉红色；铰合部右壳有 2 枚主齿，左壳有 3 枚主齿，中央者大、末端两分叉；由壳顶至背部前、后端有一条细长与背缘靠近并平行于背缘的突起；前闭壳肌痕小，呈卵圆形，后闭壳肌痕大、近三角形，外套线明显，外套窦近方形。

生态分布：生活于潮间带至水深 30 m 的浅海区，主要分布在滦南北堡至黄骅南排河的软泥滩涂的中、低潮区及浅海。为常见种。

127. 小荚蛏　*Siliqua minima* (Gmelin, 1790)

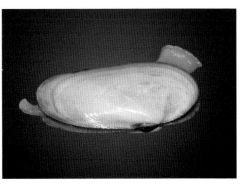

标本采集地：南排河，采泥。

形态特征：贝壳小、近长椭圆形，壳质薄脆，壳长 28.4 mm，壳高 14.3 mm，壳宽 6.7 mm。贝壳前、后端均为圆形，前端稍大于后端；壳顶稍凸起，位于背缘前方；韧带短、凸出，呈黑褐色；背部短，前、后缘稍向下倾斜，腹缘中部略显凹入。壳面呈黄白色或灰白色、平滑而具光泽，近腹缘中央略凹，生长线纹极细密，壳表被一层很薄的黄色或淡黄色壳皮，贝壳上部壳皮易脱落。壳内面呈白色；铰合部短小，左、右壳各有 3 枚主齿，左壳上中间的 1 枚齿较粗大、两分叉；在两壳主齿的下方、各有一条引到腹缘的强壮的肋；前闭壳肌痕近梨形，后闭壳肌痕近三角形，外套痕与外套窦均清晰。

生态分布：生活于潮间带至水深 30 m 的浅海中，主要分布在沿岸海水盐度较低的河口附近。丰南的涧河至黄骅近海。为常见种。

128. 薄荚蛏 *Siliqua pulchella* (Dunker, 1858)

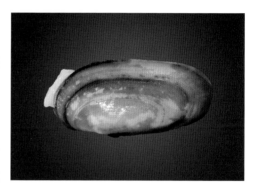

标本采集地：南排河，底栖生物拖网。

形态特征：贝壳较小，呈长椭圆形，侧扁，壳质极薄脆，壳长 40.1 mm，壳高 13.8 mm，壳宽 5.5 mm。贝壳前、后端圆，背缘较直、腹缘略凸；壳顶略突出于背缘，位于前方，约在壳长的 1/4 处；韧带凸出，呈黑褐色。壳面呈淡紫褐色、半透明、有光泽，生长线细密，在大个体中可清楚地看到贝壳的中、下部有细密的，且整齐的放射线纹；壳表被一层薄的黄褐色壳皮，壳顶周围壳皮易脱落。壳内面呈淡紫色；铰合部狭窄，左、右壳各有 2 枚主齿；由壳顶向腹缘有一条白色、强壮的肋状凸起；前闭壳肌痕近梨形，后闭壳肌痕近半圆形，外套线及外套窦均清晰。

生态分布：生活于潮间带至浅海，主要分布在渤海湾西部软泥，泥底质的浅海，为较常见种。

129. 缢蛏 *Sinonovacula constricta* (Lamarck, 1818)

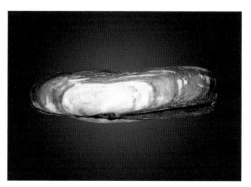

标本采集地：北港、大庄河、涧河。

形态特征：贝壳呈长方形，壳质薄，壳长 54.0 mm、壳高 17.0 mm、壳宽 10.9 mm。贝壳前、后缘均为圆形；壳顶位于背缘的近前端，约在壳长的 1/3 处，韧带呈黑褐色、短小而突出于壳面；背、腹缘平行，壳的中央稍靠前端有一条自壳顶至腹缘微凹的斜沟。壳面自壳顶至腹部有逐渐明显和粗糙的生长线纹，其上被一层粗糙的黄绿色壳皮，壳顶部周围壳皮常脱落而成白色。壳内面呈白色，壳顶下方有与壳表凹的斜沟相对应的略凸的隆起；铰合部小，右壳具 2枚主齿，左壳有 3 枚主齿，中央者较大且两分叉；前、后闭壳肌痕均近三角形，后者大于前者，外套窦宽大、前端呈圆形。

生态分布：生活于潮间带或有少许淡水注入的河口区及内弯，利用足部掘穴孔穴居，潜入泥中的深度，随季节的变化而有不同，夏季浅、冬季深，一般为 10 ~20 cm。主要分布于唐山海区，有淡水注入的河口及内弯滩涂。本种肉味鲜美，是重要的养殖贝类之一。

棱蛤科 Trapeziidae=Libitinidae

贝壳呈长卵圆形或近四边形，壳质结实，两壳大小相等，两侧极不等，壳顶位近前端，外韧带。壳表面生长轮脉粗糙。铰合部具有主齿 2 枚，或前或后的侧齿 1 枚。壳内面呈白色，后部常具有紫色，外套肌痕简单，清楚。

130. 纹斑棱蛤 *Trapezium* (*Neotrapezium*) *liratum* (Reeve, 1843)

标本采集地：渤海湾中部，底栖生物拖网。

形态特征：贝壳长 40 mm，壳高 21 mm，壳宽 13 mm，壳结实，两壳大小相等，两侧极不等。壳顶接近前端，小月面呈心脏形，楯面呈柳叶形、外韧带。背缘近平，前缘圆而微凸，后缘近截形。腹缘较平，中部微显凹，由此伸出足丝固着在其他物体上，但固着力不强。壳表面同心生长轮脉较粗

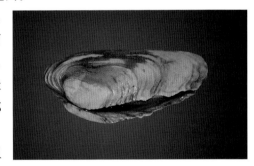

糙，在背缘常呈片状突起，壳色灰白，上部常出现放射状淡紫色褐色条纹。壳内面呈白色，后部常为紫褐色。铰合部两壳各具主齿 2 枚，后侧齿 1 枚。左壳前主齿小，后主齿大；右壳前主齿大，顶部常分叉，后主齿较弱。前闭壳肌痕小，呈梨形；后闭壳肌痕较大，近马蹄形。外套痕明显，无外套窦。

生态分布：固着在牡蛎壳、石块缝隙间。分布于河北省近海东、中部岩礁岸线及碎贝壳底质的浅海。为较常见种。

帘蛤科 Veneridae

贝壳呈圆形、卵圆形或三角卵圆形等。壳质通常较厚，结实，壳小到中等大。两壳大小相等，两侧近等或不等。壳面简单具花纹，同心轮脉或放射肋，变化甚大，小

月面清楚，外韧带。铰合部通常具有3枚主齿，有的具前侧齿。外套痕弯曲，外套窦钝或呈三角形。外套膜前方张开。唇瓣小，呈三角形，水管短，不等长，大部分愈合。足小，扁平、舌状等，有一些种类具有足丝。

131. 文蛤 *Meretrix meretrix* (Linnaeus, 1758)

标本采集地：新开口、滦河口、西大尖、南堡。

形态特征：贝壳大者长122 mm，壳高110 mm，壳宽57 mm，壳略呈三角形，壳质坚厚。两壳大小相等，两侧稍不等。壳顶位于背缘稍靠前方。小月面呈矛头状。楯面宽。外韧带发达，凸出壳面。壳面光滑，被有一层薄的黄褐色壳皮。同心生长轮脉明显。表面通常布有不均匀地呈"W"或"V"字形的褐色花纹，花纹有变化。贝

壳内面呈白色，前后边缘有时略呈紫色。铰合部宽，左壳具3枚主齿及1枚前侧齿，右壳具3枚主齿及2枚前侧齿。前闭壳肌痕小，略呈半圆形，后闭壳肌痕大，呈卵圆形。外套痕明显，外套窦短。

生态分布：生活在细砂底质的中、低潮区及低潮线下的浅水区。可以潜入沙内数厘米深，隐入沙内后，在沙滩上尚有漏斗状的凹陷。文蛤肉嫩味美，并有极高的药用价值，是主要的经济贝类之一。分布在南堡以东至新开口的细沙质滩涂及浅海。当前自然分布已很少，主要是人工底播养殖。乐亭，滦南，昌黎滩涂养殖已有一定规模。

132. 日本镜蛤 *Dosinia* (*Phacosoma*) *japonica* (Reeve, 1850)

标本采集地：老龙头、滦河口南。

形态特征：贝壳近圆形，壳质坚厚。长度略大于高度，约为宽度的2倍。壳顶小，尖端向前弯曲，位于背面偏前方，微高出壳面。小月面凹陷，呈心脏形；楯面狭长，呈披针形，外韧带嵌入两壳间，呈黄褐色，约为楯面长的2/3。壳顶前方背缘向内凹陷，楯面呈弧形，其余壳缘均为圆形。铰合部宽，

左壳主齿 3 枚，前方 2 枚粗壮，呈"八"字形排列，后端 1 枚长而薄，与中间 1 枚几乎平行；主齿之间有一短突起，为侧齿的雏形。右壳主齿 3 枚，前边 1 枚呈薄片状，中间 1 枚短而粗，几乎与第 1 枚平行排列，后边 1 枚长而宽；主齿前方有一矮的雏形侧齿。壳表面呈白色，无放射肋；生长线明显，壳顶部光滑细腻，壳边缘稍粗壮，致小月面和楯面两侧呈薄片状。壳内面呈白色，各肌痕均明显，外套窦长而尖，呈锥形，末端达壳之中央。前闭壳肌痕呈长卵形，后闭壳肌痕稍大，呈半圆形。

生态分布： 生活在潮间带中潮区以下至水深数十米的浅海。埋栖深度可达 10 cm。分布于秦皇岛、唐山近海，为较常见种。

133. 凸镜蛤 *Dosinia (Phacosoma) gibba* (A. Adams, 1869)

标本采集地： 唐山、沧州近海，采泥。

形态特征： 贝壳较小，壳长 26 mm，壳高 24.7 mm，壳宽 18.6 mm，壳膨凸，壳质结实，两壳大小相等。两侧近等，壳顶突出，位于背缘近中央，其尖端略向前弯曲，小月面大，印痕清晰，呈心脏形，楯面窄长，韧带稍下沉，呈棕黄色。壳表面的同心生长轮脉明显。略凸出壳面，壳面呈黄白色，

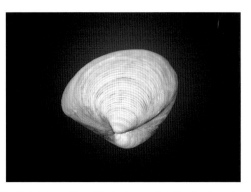

无放射肋纹。铰合部宽，左壳 3 枚主齿，1 枚前侧齿，前 2 枚主齿呈"人"字形；右壳 3 枚主齿，后主齿大，顶端分叉，2 枚前主齿小，呈"八"字形，并有 2 枚较弱的前侧齿。前闭壳肌痕长呈卵圆形，后闭壳肌痕近圆形。外套痕明显，外套窦深，其尖端延伸至贝壳的中心部。

生态分布： 主要分布在潮下带至水深 30 m 的泥沙底质内。河北省近海有分布，为不常见种。

134. 薄壳镜蛤 *Dosinia (Dosinella) corrugata* (Reeve, 1950)

标本采集地： 北港、南堡。

形态特征： 贝壳呈圆形，壳质较薄，壳长与壳高几乎相等，壳宽不及壳高的 1/2，壳顶矮而尖，位于背部中央稍偏前。除背缘壳顶前方稍凹入，后方略呈弧形外，前、后、腹缘均为圆形。小月面呈心脏形，极凹陷，楯面狭长，呈披针形。韧带与楯面等长，嵌入两壳之间，呈披针形，黄褐色。铰合部宽，左壳主齿 3 枚，具一前侧齿的雏

形；右壳主齿3枚，后主齿强大，顶端分叉，无侧齿。壳表面稍凸，呈白色或染以黄色。生长线较均匀，自壳缘向壳顶呈覆瓦状排列，并逐渐变细微，前后端生长线粗糙。无放射肋。壳内面呈白色，具珍珠光泽，各肌痕均明显，前闭壳肌痕呈拉长的卵形；后闭壳肌痕极大，呈卵圆形；外套窦深，前端可达贝壳中部前方，舌状，前端钝圆。

生态分布：生活在潮间带中、低潮区至水深数米的泥沙质浅海。分布在唐山近海，为不常见种。

135. 青蛤 *Cyclina sinensis* (Gmelin, 1791)

标本采集地：新开口、北港、北堡。

形态特征：贝壳大者壳长93 mm，壳高80 mm，壳宽48 mm，壳近圆形，壳质较薄，但结实。两壳大小相等，两侧近等。壳顶位背缘近中央，尖端向前弯曲。无小月面，楯面窄长，呈披针状。外韧带。壳面膨圆，同心生长轮脉顶端部细密，向腹缘延伸逐渐变粗而突出壳面。壳呈淡黄色、棕红色，

生活标本常沾染污黑色。贝壳内面呈白色或淡肉色，内缘常呈紫色，并具有细的小齿状缺刻，靠近背缘的齿较稀而大。铰合部狭长，两壳各具主齿3枚，集中于铰合部前。前闭壳肌痕细长，呈半月形，后闭壳肌痕大，呈椭圆形。外套痕明显，外套窦深，呈三角形。

生态分布：生活在泥沙底质的高、中、低潮区，栖息深度约10 cm，滩涂表面有扁圆形的小开口。主要分布在洄河至滦河口的唐山沿海滩涂，为常见种。由于过度采捕，资源受到严重破坏，20世纪90年代初，河北省乐亭开展了封滩养殖，现在已从管养为主发展到放苗底播，养殖面积不断扩大，是主要的经济贝类之一。

136. 菲律宾蛤仔 *Ruditapes philippinarum* (Adams & Reeve, 1850)

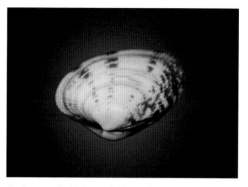

标本采集地：老龙头、北港、咀东。

形态特征：贝壳呈卵圆形，壳长55 mm，壳高40 mm，壳宽29 mm，长度与高度有变化。两壳大小相等，两侧不等。壳顶位于背缘靠前端，小月面呈椭圆形，楯面呈梭形，外韧带。背腹缘呈弧形，前缘稍圆，后缘略呈截形，壳面颜色及花纹有变化，通常为淡褐色、红褐色斑点或花纹。壳面同心生长轮脉及放射肋细密。两端者较发达，呈布纹状。壳内面呈灰黄色，或带有紫色。铰合部窄，两壳各具主齿3枚，前闭壳肌痕呈半圆形，后闭壳肌痕呈圆形，外套痕明显，外套窦深，前端圆。

生态分布：此种喜栖于有淡水流入、波浪平静的内湾，沙和沙泥质的海底。其垂直分布从潮间带低潮区至10余米的海底都有分布。其肉味鲜美，是主要的经济贝类之一。除软泥底质的黄骅近海外，唐山、秦皇岛近海都有分布。乐亭，昌黎已开展人工养殖。即播苗、轮养、轮采。目前已成为市场供应的主要海鲜品种。

137. 三角凸卵蛤 *Pelec yora trigona* (Reeve, 1850)

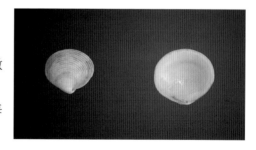

标本采集地：北戴河，采泥。

形态特征：壳形小，膨胀，壳质坚厚；壳顶尖。壳面同心肋粗。壳的前背缘有微下陷。

生态分布：生活在低潮线以下的浅海泥沙质海底，为少见种。

绿螂科 Glauconomidae

贝壳呈长卵形，壳质较薄，两壳大小相等，两侧近等或不等，外韧带。壳面呈灰白色，被有黄绿或黄色的壳皮，易脱落。铰合部比较窄，左右壳均具主齿3枚，其中有分叉者，无侧齿。闭壳肌痕清楚，外套窦深。动物水管长，愈合。足小，唇瓣宽，鳃不等，外鳃瓣较小。

138. **薄壳绿螂** *Glauconome primeana* (Crosse et Debeaux, 1863)

标本采集地： 老龙头、洋河口、滦河口、老米沟。

形态特征： 贝壳大者壳长 32 mm，壳高 20 mm，壳宽 14.2 mm，壳呈长椭圆形，壳质较薄，两壳大小相等，两侧不等，壳顶位于背缘靠前方。小月面及楯面不明显，外韧带。背缘自壳顶向两侧稍斜，前缘圆后缘近截形，腹缘圆，在前方微显中凹。壳表面自壳顶至腹缘有一条不明显的缢痕，同心生长轮脉细密，具有明显的生长褶痕，并被有黄褐色或绿褐色薄的壳皮，壳皮脱落后壳面呈灰白色。壳内面呈白色，略具光泽。铰合部狭窄，两壳各具主齿 3 枚，无侧齿，外套痕清楚，外套窦深，舌状，延伸到壳顶的下方。

生态分布： 生活在有淡水注入的潮间带高、中潮区，沙或泥沙中，分布区密度较大。该种主要分布在河北省东部海区、河口附近的沙、泥沙底质的滩涂中。属常见种。

海螂目 Myoida

壳形由小到大，两壳相等或不等，壳的前、后不等，一般具壳皮，无小月面和楯面，即使有也不发达。两壳各有铰合齿 1 枚，或者没有齿。左壳壳顶下通常有一大的着带板，内韧带。动物营掘孔埋栖生活，通常水管较长。

海螂科 Myidae

壳型从小到大，前端圆，后部通常细长，末端多呈截形，并开口。壳表具壳皮，有同心刻纹或者伴生着放射线。内韧带，在左壳的铰合部有一个强大的着带板，无铰合齿。前肌痕细长，后肌痕圆形，外套窦从无到有，有时弯入很深。海螂科的种类不多，大都生活在潮间带和数十米深的浅海。

139. **侧扁隐海螂** *Cryptomya busoensis* (Yokoyama, 1922)

标本采集地： 岐口、南堡，采泥。

形态特征： 壳形较小，壳长 8.0 mm，壳高 4.9 mm。两壳侧扁，壳顶低平，位于近中央处。自壳顶到后腹缘有一放射脊。壳的前端圆，后端呈截形，微开口。壳表面具有同心生长纹和薄的淡黄色壳皮。左壳铰合部有一着带板。外套线完整，前肌痕细长，后肌痕呈椭圆形。

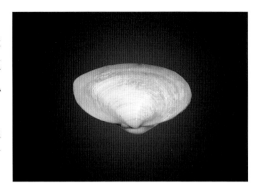

生态分布： 生活于水深 5 ～ 30 m 的浅海。主要分布于黄骅近海，其他海域也有少量分布，为较常见种。

140. 截形脉海螂 *Venatomya truncata* (Gould, 1861)

标本采集地： 南排河。

形态特征： 壳形中等大，壳长 23.8 mm，壳高 17.5 mm。两壳比较侧扁，壳顶低平，位于背部中央。壳的前端圆，后端呈截形，微开口。壳表除生长线外，尚密布着细的放射线，两者相交形成格子状刻纹。壳皮薄，呈淡黄色。

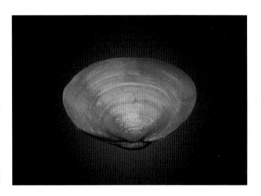

左壳的铰合部有一大的着带板，外套线完整无窦。

生态分布： 生活在河口附近潮间带的软泥底质中，分布于渤海湾西部浅水区，为较常见种。

篮蛤科 Corbulidae

壳小而坚硬，两壳不等，通常左壳小，右壳大。贝壳前缘圆，后缘有棱角或喙状突起以及石灰质板。壳面有同心生长纹，其生长纹的粗细和强弱随不同种类而异，通常无放射肋，但个别种类出现细密而微弱的放射线纹，壳表被有皱曲线的外皮。铰合部右壳具有前、后 2 枚主齿，两主齿之间为韧带槽，左壳有 1 枚前主齿沟和 1 枚后主齿，两者之间为韧带突；闭壳肌痕清楚，外套痕距离腹缘远，外套窦浅。水管短、愈合，基部有一横隔，鳃水管末端边缘有触手；外套缘具乳突。

141. 雅异篮蛤 *Anisocorbula venusta* (Gould, 1861)

标本采集地： 秦皇岛港外，采泥。

形态特征： 贝壳小、呈三角卵圆形，壳质坚厚，壳长 8.8 mm，壳高 6.6 mm，壳宽 3.9 mm。贝壳前端圆，后端近斜截状；壳顶凸出、两壳壳顶紧接，位于背缘稍近前方；由壳顶斜向后腹缘有一条明显的隆起脊，使壳后端形成三角形斜面。壳面呈肉白色，有较粗壮隆起的同心生长纹，其生长纹宽大于纹间宽。贝壳内面和铰合齿呈肉色，有橙黄色的斑块；闭壳肌痕清楚，外套痕距离腹缘较远。

生态分布： 生活在潮间带至水深 20 m 的沙泥质海底，数量较少，目前仅在秦皇岛近海采泥采到该种。

142. 焦河篮蛤 *Potamocorbula ustulata* (Reeve, 1844)

标本采集地： 前徐、北港。

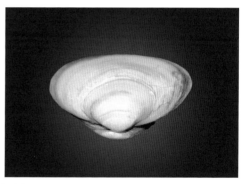

形态特征： 贝壳近似等腰三角形，壳质厚而坚硬、右壳较左壳坚厚，壳长 27.6 mm，壳高 19.8 mm，壳宽 12.8 mm。两壳不等，左壳小，右壳大而膨胀，其腹缘的中、后部明显地卷包在左壳腹缘上，左壳壳缘平直、右壳壳缘在腹部中间向下向后扩伸并略向内卷；壳顶凸出、两壳顶极接近，位于背缘中部。壳面同心生长纹较粗糙、不规则，细密、微弱的放射纹通常在右壳上可见，壳表面被黄褐色壳皮。贝壳内面呈灰白略显紫色，右壳壳缘较左壳壳缘加厚；前闭壳肌痕近长椭圆形，后闭壳肌痕近圆形，两者大小近等，外套线清楚、距离腹缘较远。

生态分布： 生活于浅海及河口附近中、低潮区，分布于河北省近海中、西部海区，为较常见种。

143. 黑龙江河篮蛤 *Potamocorbula amurensis* (Schrenck, 1867)

标本采集地： 大庄河、西河。

形态特征： 外形酷似焦河篮蛤，但它的贝壳近卵圆形至长卵形，壳质较轻薄，壳长 26.4 mm，壳高 16.7 mm，壳宽 10.4 mm。两壳不等，左壳小，右壳大而膨胀，其腹缘中、后部稍扩张并卷包在左壳腹缘上；壳顶凸出、右壳壳顶较左壳壳顶膨大，两者极接近、位于背缘中部。壳面为淡黄褐色或灰白色，同心生长纹不规则，尤其在贝壳中部和腹部其生长纹常隆起，贝壳表面被淡褐色或褐色壳皮。贝壳内面呈灰白色或略显淡蓝色，壳缘通常稍加厚、右壳尤其明显；前闭壳肌痕近梨形，后闭壳肌痕呈方圆形，外口套痕清楚。

生态分布： 生活在河口附近、咸淡水浅海及软泥底质的中、低潮区，主要分布在滦南、乐亭有淡水注入的河口区。为少见种。

144. 光滑河篮蛤 *Potamocorbula laevis* (Hinds, 1843)

标本采集地： 南排河、北堡、北港。

形态特征： 贝壳小、近等腰三角形或长卵圆形，壳质薄，壳长 11.6 mm，壳高 7.9 mm，壳宽 5.5 mm。两壳不对称，左壳小，右壳大而膨胀、其腹缘中部和后部较左壳扩张并包卷在左壳腹缘上；背缘在壳顶前、后成斜线，前缘和腹缘圆，后缘略呈截状；壳顶位于背缘中央或稍近前端，两壳顶极接近或相接，韧带呈褐色、位于壳顶下面的韧带槽内。壳内有细密的同心生长纹，右壳上隐约可见细密的断续的放射线纹，壳表覆有黄褐色壳皮。贝壳内面呈白色；前闭壳肌痕呈长卵形，后闭壳肌痕近圆形，外套痕清楚，外套窦浅。

生态分布： 生活在泥、泥沙底质潮间带及低潮线以下的浅海。栖入泥沙内很浅，它们喜群居，数量极大。是对虾，梭子蟹，幼鱼的优质天然饵料。分布范围很广，除东部的沙质底质的海区外，其他海区都有分布。分布密度最大的为黄骅近海，每年春季为各地养殖提供大量种苗。经过 2～3 个月的滩涂养殖，即可作为养殖对虾的鲜活饵料。

缝栖蛤科 Hiatellidae

它们的壳形多不规则，呈长方形或梯形。两壳及两侧均不等，略扭曲，壳前、后端常开口。壳前端圆而较细；后端略宽，呈截形。壳顶凸，近前方。壳表呈白色，或具浅黄、黄褐和深褐色壳皮；生长纹不规则，较粗糙；无放射肋，有的种只在壳顶后方有 2 条小刺列。外韧带不明显，深埋在两壳之间。贝壳内面呈白色，略具光泽；闭壳肌痕不明显；外套痕常间断、分散。铰合部窄，具有 1～2 枚不发达的小齿。水管较长、愈合。足丝孔较明显，足丝发达。有巢居习性，有的掘泥沙穴居，有的附着生活在岩石缝或绳索缝中。

145. 东方缝栖蛤 *Hiatella orientalis* (Yokoyama, 1920)

标本采集地：老龙头、金山咀。

形态特征：贝壳较小，一般壳长 15.2 mm，壳高 7.8 mm，壳宽 5.3 mm，呈长方形，壳顶较厚而坚韧。壳形不规则，略扭曲，两壳及两侧均不等。壳顶凸，近壳前端。前缘圆，后缘呈截形；腹缘略直，足丝孔处略凹入，背缘略与腹缘平行。壳表呈白色，具浅黄色壳皮。生长纹不规则，较粗糙。

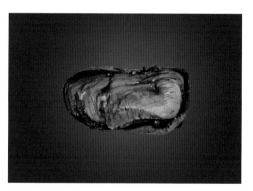

壳表无放射肋，有 2 条自壳顶斜向后腹缘的小刺。外韧带略显，呈浅褐色。贝壳内面呈白色，具珍珠光泽；外套痕间断，但多不明显。铰合部简单，仅在右壳有 1 枚小主齿，无侧齿。足丝细，较发达。

生态分布：有巢居习性，多生长在低潮线附近的岩石缝中及养殖贻贝等的棕绳缝隙中。主要分布在秦皇岛海区。为少见种。

海笋科 Pholadidae

通常两壳相等，壳质薄脆，前、后端开口，壳顶略凸，近前端；壳顶前端的壳缘向外卷处，为前闭壳肌及原板的附着面。壳呈白色，壳面有放射肋、小棘和生长纹。有些种还有背腹沟。在贝壳的背、腹面和后端还具有各种形状的副壳。随种类的不同副壳的形状和数目各有变化。原板位于壳顶上方，有些种原板为左右对称的 2 个，有的愈合为 1 个，也有的缺。中板位于原板之后，略呈三角形，常不明显。后板为紧接中板或原板之后的一个狭长的石灰质板。后板，为 1 片或 2 片。腹板为贝壳腹面的一个狭长的板，但多数种缺。水管板为左右对称的两片位于贝壳后端水管的基部。贝壳内面壳顶窝中有一个附着肌肉的壳内柱，铰合部无韧带和齿。外套缘除足孔和水管外全部愈合，水管发达。足柱状，无足丝。

146. 大沽全海笋 *Barnea* (*Anchomasa*) *davidi* (Deshayes, 1874)

标本采集地：涧河。

形态特征：贝壳较大，壳质薄脆，呈白色或黄色。一般壳长 98 mm，壳高 49 mm，壳宽 44 mm。两壳相等，壳高与壳宽略相等。壳顶位于背缘靠前端；由壳顶位于背缘靠前端；由壳顶向前，贝壳背缘向外方卷转形成原板的附着面；两壳只在壳顶及腹缘中部接合，前、后端均张开。原板前

后端较尖，略呈椭圆形；其表面生有环形生长纹，中央有一条纵沟。壳无中板和后板。壳面凸，具有 25 ~ 27 条同心波状纵肋和 27 ~ 30 条放射肋，波状肋与放射肋交织成网状，具结栉和棘状刺。贝壳内面呈白色，有与壳面相应的肋沟。铰合部无齿；壳内柱明显，其长度相当高的 1/3，前端内侧右边有一中央沟。肌痕略显，前闭壳肌痕小，呈半月形，位于壳前端背部向外卷转的部分；后者大，呈卵圆形，位于壳顶后端。外套膜两点愈合，水管极发达。

生态分布：营穴居生活，贝壳埋栖在潮间带低潮线附近的泥沙中。个体较大，肉肥味美，可食用。分布较普遍，从涧河至新开口都有分布，为较常见种。

异韧带亚纲 Anomalodesmata

笋螂目 Pholadomyoida

壳小到中型，壳质较薄。两壳多不等。一般左壳较大。壳表平滑或具颗粒状凸起，壳内通常具真珠光泽。有外韧带和内韧带，具着带板和石灰质韧带片。铰合齿很弱，有些种类则无齿。

里昂司蛤科 Lyonsiidae

贝壳小到中等，壳质薄，较膨胀。壳顶位于中间之前，前端圆，后部延长，后端开口。壳表具壳皮，有时有放射线。壳内面有珍珠光泽，铰合部无齿，在内韧带上附有石灰质韧带片。有外套窦，但很浅。

147. 沙壳里昂司蛤 *Lyonsia ventricosa* (Gould, 1861)

标本采集地：新开口，采泥。

形态特征：贝壳小型，壳长不足 20 mm，通常壳长×壳高×壳宽为 14.5 mm×10.0 mm×8.0 mm。壳薄，半透明，两壳膨胀，左壳大于右壳。壳顶位于前端的 1/3 处，壳的前端圆，后部延长，呈喙状，末端呈截形，并开口。壳表有细密的放射线，并有细小的沙砾粘附表面上。壳内面具真珠光泽，

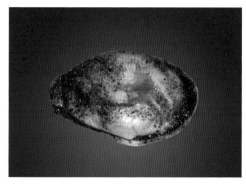

铰合部无齿，在内韧带上附一略呈梭形的石灰质韧带。

生态分布：生活在水深 5～20 m 沙质底质的浅海，仅在昌黎近海有发现，为少见种。

鸭嘴蛤科 Laternulidae

贝壳近长方形或长卵形、似鸭嘴状，壳质薄脆、半透明，具云母光泽。左右壳近等或左壳稍大于右壳，两壳闭合时前、后端开口或仅后端开口；两壳壳顶紧密接近，其上各具有一条横裂。壳表无放射肋，具有同心生长纹，有的种类还有颗粒状凸起。贝壳内面亦有光泽；铰合部无齿，但具有壳顶斜行向后的薄片隔板；韧带槽呈匙状、韧带介于其中，大多数种类在韧带槽前方具有石灰质板。外套膜前、腹缘愈合，足孔较小，水管长而愈合。雌、雄同体。

148. 渤海鸭嘴蛤 *Laternula* (*Exolaternula*) *marilina* (Reeve, 1860)

标本采集地：洋河口、新开口、老米沟、咀东。

形态特征：贝壳呈长卵形，壳质薄脆，两壳近等，或左壳稍大于右壳，闭合时前、后端开口，壳长 49.5 mm，壳高 25.6 mm，壳宽 20.2 mm。贝壳前端圆而高，逐渐向后缩小，后端较低而末缘稍翘起；壳顶稍凸起，位于背缘中央，壳尖向内弯曲、两壳顶密接，其上各具一条长形横裂。壳面呈灰白色、前端与腹缘常染有铁锈色，有环状生

长轮脉，无放射肋。贝壳内面呈灰白色，具云母光泽；铰合部无齿，左、右两壳自壳顶穴引出一小匙状凸起，即为韧带槽，其后与一斜长形的片状隔板相接，韧带槽前面紧接一个"V"字形石灰质片；前闭壳肌痕呈长形，后闭壳肌痕呈圆形，外套痕可见，外套窦宽大、近半圆形。

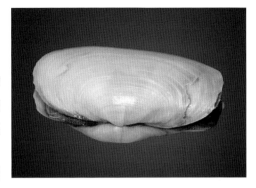

生态分布：生活在泥沙质海底，从潮间带到水深 20 m 处都有发现。分布在滦南南堡以东至山海关泥沙底质的潮间带及近海，为常见种。

---

149. 剖刀鸭嘴蛤 *Laternula* (*Laternula*) *boschasina* (Reeve, 1860)

标本采集地：滦河口、新开口。

形态特征： 贝壳近长卵圆形，前端钝圆，后端尖斜上翘如剖刀状，壳长 33.1 mm，壳高 17.2 mm，壳宽 13.0 mm。两壳近相等，闭合时前、后端开口较小；壳顶凸出、位于背缘中部或稍近前端，两壳顶紧接，其上面各具一条不长的横裂。贝壳表面呈白色，具云母光泽，有细密、明显的同心生

长线。壳内面亦为白色具云母光泽；铰合部无齿，韧带槽前无石灰质板，其下方与一新月形片状隔板相接；外套窦近半圆。本种外形酷似渤海鸭嘴蛤，但后者韧带槽前有石灰质板，壳的后端开口较大；而本种韧带槽前不具石灰质板，壳的后端开口较小。

生态分布：生活在潮间带泥沙底质，分布于唐山、秦皇岛近海滩涂，为较常见种。

---

150. 鸭嘴蛤 *Laternula* (*Laternula*) *anatina* (Linnaeus, 1758)

标本采集地：滦河口、咀东。

形态特征： 贝壳近长方形或长方圆形，两壳相等或左壳稍大于右壳，闭合时一般仅后端开口，壳质极薄脆，壳长 35.1 mm，壳高 19.8 mm，壳宽 15.9 mm。贝壳中凸，两侧压缩，前缘圆，后缘较小翘如喙状、其边缘向外翻；壳顶凸出，位于背缘中部靠近后方，两壳顶紧接，上面各具长形横裂一条。壳面平滑无肋，呈白色，具云母光泽，

周围微显淡黄色，有细密而显明的生长纹，在贝壳边缘有极细密的颗粒状突起，这些突起在腹侧比较多而明显。壳内面呈白色，具云母光泽；铰合部无齿，左、右两壳由顶穴伸出一匙状韧带槽，其前无石灰质板，其下方与一新月形片状隔板相接；外套窦宽大，呈半圆形。

生态分布：生活在潮间带至浅海泥沙或沙泥质底，分布于河北省东部近海，为常见种。

色雷西蛤科 Thracidae

壳型小到中等，壳质薄脆，呈瓷质白色。两壳不等，右壳稍大，微膨胀，左壳小，较扁平。壳的后端呈截形，并开口。壳表具壳皮，多有密布的颗粒状突起。铰合部无齿，有着带板，具内外韧带，有的种类有韧带片。外套窦深。

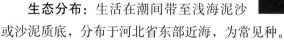

151. 金星蝶铰蛤 *Trigonothracia jinxingae* (Xu, 1980)

标本采集地：涧河、前徐，采泥。

形态特征：壳中等大，壳长 16.8 mm，壳高 11.2 mm，壳宽 7.0 mm。壳表面呈白色，长圆形。壳顶位于后端的 1/4 处，从壳顶到后腹缘有一条隆起的放射脊。壳的前部大，前端圆，后部短，末端呈截形，并开口。两壳不等，右壳更凸一些。壳表的周缘和后部被以淡褐色的壳皮，在壳顶

和其他部分，壳皮常脱落。铰合部无齿，在壳顶之下有一伸向前端的着带板。内韧带上附一蝶形韧带片。外套窦深，但不能达到壳的中部。前肌痕延长，后肌痕肾脏形。

生态分布：生活在水深 10～30 m 的浅海，分布于河北省西部的渤海湾内，为较常见种。

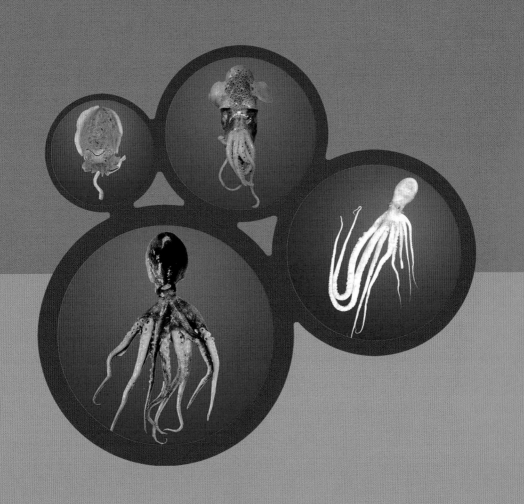

头足纲 Cephalopoda

闭眼亚目 Myopsida

眼眶具外膜。吸盘不特化成钩。少数种类具腺体发光器。位于外套腔内。输卵管1 个。

枪乌贼科 Loliginidae

胴部呈圆锥形，后部削直；肉鳍较大，端鳍型，位于胴后，两鳍相接多呈纵菱形，少数种类为周鳍形。腕吸盘 2 行，侧膜不发达，雄性左侧第 4 腕茎化；触腕穗吸盘 4 行排列，不特化成钩。多数种类不具发光器，少数种类具发光器，位于直肠附近。闭锁槽略呈纺锤形。内壳角质，呈披针叶形。

152. 火枪乌贼　*Loligo beka* (Sasaki, 1929)

标本采集地： 河北省近海，底拖网。

形态特征： 胴部圆锥形，后部削直，胴长约为胴宽的 4 倍；体表具大小相间的近圆形色素斑。鳍长超过胴长的 1/2，后部较平，两鳍相接略呈纵菱形。无柄腕长度不等，腕式一般为 3＞4＞2＞1，吸盘 2 行，各腕吸盘以第 2、第 3 对腕上者较大，吸盘角质环具宽板齿 4 个或 5 个，雄性左侧第

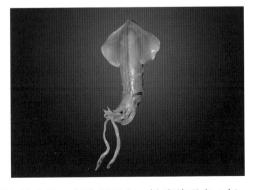

4 腕茎化，从顶端向后约占全腕的 2/3 处的吸盘特化为 2 行尖形凸起；触腕穗吸盘 4 行，中间 2 行略大，边缘、顶部和基部者略小，大吸盘角质环具很多大小相近的尖齿，小吸盘角质环也具很多大小相近的尖齿。内角质，呈披针叶形，后部略宽，中轴粗壮，边肋细弱，叶脉细密。

生态分布：沿岸性种类，春季集群进行生殖洄游，5—8月为产卵期，胴长50 mm的雌体已怀有成熟卵；卵包于胶质的卵鞘中产出，每个卵鞘长30～50 mm，其中包卵20～40个。亲体产卵后相继死亡，幼体在浅海索饵生长。冬季游向深水区越冬。常与日本枪乌贼混在一起，为常见种。

153. 日本枪乌贼 *Loligo japonica* (Hoyle, 1885)

标本采集地： 河北省近海，底拖网。

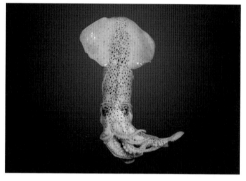

形态特征： 胴部呈圆锥形，后部削直，胴长约为胴宽的4倍。体表具大小相间的近圆形色素斑，浓密明显，胴背尤为发达。鳍长超过胴长的1/2，后部内弯。两鳍相接略呈纵菱形。无柄腕长度有所差异，腕式一般为3>4>2>1，吸盘2行，各腕吸盘以第2、第3对腕上者较大，吸盘角质环具宽板齿7个或8个。雄性左侧第4腕茎化，从顶端向后约占全腕1/2的吸盘特化为2行尖形突起；腕触穗吸盘4行，中间2行大，边缘、顶部和基部者小，大吸盘角质环具宽板齿20个左右，小吸盘角质环具很多大小相近的尖齿。内质角质，呈披针叶形，后部略狭，中轴粗壮，边肋细弱，叶脉细密。

生态分布： 沿岸性种类，春季集群进行生殖洄游，5—8月为产卵期，胴长50 mm的雌体已怀有成熟卵；卵包于胶质的卵鞘中产出，每个卵鞘长30～50 mm，其中包卵20～40个。亲体产卵后相继死亡，幼体在浅海索饵生长。冬季游向深水区越冬。该种在河北省近海渔业产量中占有一定比例，是主要的捕捞对象之一。

乌贼目 Sepioidea

体宽短，呈盾形或袋形。肉鳍多为周鳍型，也有中鳍型，少数为端鳍型。腕10只，碗吸盘多为4行，触腕穗吸盘数行至数十行；吸盘有柄，角质环小齿较不发达，吸盘部特化成钩，少数种类具腺体发光器。内壳发达，有的种类内壳退化。输卵管1个。

乌贼科 Sepiidae

体宽短，多呈盾形。肉鳍为周鳍型。腕吸盘4行，雄性左侧第4腕茎化；触腕穗吸盘4行至20行。不具发光器。闭锁槽略呈耳形。内壳发达，石灰质，近椭圆形。

154. 金乌贼　*Sepia esculenta* (Hoyle, 1885)

标本采集地：河北省近海，底拖网。

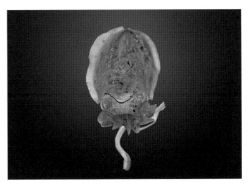

形态特征：胴部呈盾形，胴长约为胴宽的 2 倍；雄性胴背具较粗的横条斑，间杂有致密的细点斑，雌性胴背的横条斑不明显，或仅偏向两侧，或仅具致密的细点斑。背部黄色色素比较明显。肉鳍较宽，最大宽度约为胴宽的 1/4，位于胴部两侧全缘，在后端分离。无柄腕长度略有差异，腕式一般为 4>1>3>2，吸盘 4 行，各腕吸盘大小相近，角质环具钝齿，雄性左侧第 4 腕茎化，全腕中部的吸盘骤然变小并稀疏；触腕穗呈半月形，长度约为宽度的 1/5，吸盘小而密，约 10 行，大小相近，角质环具钝齿。内壳呈椭圆形，长度约为宽度的 2.5 倍，背面具同心环状排列的石灰石质颗粒，3 条纵肋较平而不甚明显，腹部的横纹面略呈单峰型，峰顶略尖，中央有一条纵沟，壳的后端骨针粗壮。

生态分布：浅海性种类，春季从黄海南部的深水区集群向浅水区进行生殖洄游，产卵期为 5—6 月。11 月洄游越冬。主要分布在秦皇岛近海，为不常见种。

耳乌贼科 Sepiolidae

胴部短，后端圆，呈圆袋形。头部和胴部在背面愈合或分离。肉鳍为中鳍型。腕吸盘 2 行或 4 行，雄性左侧第 1 腕、第 4 腕或第 1 对腕茎化；触腕穗吸盘小而密。有的种类具腺体发光器。闭锁槽呈椭圆形。多数种类内壳退化或不发达。

155. 双喙耳乌贼　*Sepiola birostrata* (Sasaki, 1918)

标本采集地：河北省近海，底拖网。

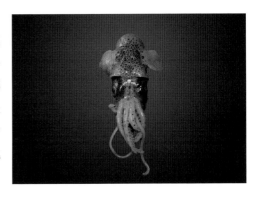

形态特征：胴部呈圆袋形，长宽之比约为 10：7，体表具很多色素斑，其中有一些较大。肉鳍较大，略近圆形，位于胴部两侧中部，状如"两耳"，长度约为胴长的 2/3。无柄腕长度略有差异，腕式一般为 3>2>1>4，雄性第 3 对腕特粗，约为其他腕的 3 倍，顶部骤然变细，形似一种鞭状物，顶部吸盘正常，基部吸盘大半退化；腕吸盘2行，角质环不具齿，雄性左侧第1腕茎化，较右侧对应腕粗而壮，基部具4个或5个小吸盘，前方边缘生有2个弯曲的喙状肉突，前面的一个较大，全腕顶部密生2行突起，其顶端生有小吸盘；触腕穗稍膨突，短小，约为全腕长度的1/7，吸盘极小，约为10余行，呈细绒状。内壳退化。直肠两侧各具1个颇大的马鞍形腺体发光器。

生态分布：主要栖居浅海，但陆坡区也有采获。在河北省近海，早春季节从较深水中集群游至沿岸内湾生殖，平时潜伏沙中，营低栖生活，繁殖季节有很短距的洄游移动。孵出的稚仔经过一个阶段的浮游生活期，然后下沉海底。分布在河北省近海，是在底拖网中较为常见的种类。

八腕目 Octopoda

腕长，头小，胴部近卵圆形。肉鳍多数退化，少数具耳状中鳍。腕8只，腕吸盘为2行或1行，无触腕，吸盘无柄和角质环，吸盘不特化成钩。不具发光器。内壳仅余痕迹或完全退化。输卵管1个或1对。

无须亚目 Incirrata

腕吸盘2行，少数1行，腕间膜不发达，吸盘间不具须毛。不具肉鳍。有齿舌。多数具墨囊。输卵管1对。多数种类栖居于浅海底层或大洋上层，也有少数种类栖居于深海。

蛸科（章鱼科）Octopodidae

胴部呈卵圆形或卵形，外套腔口狭，体表一般不具水孔。腕吸盘2行或1行，腕间膜多狭短。雄性右侧或左侧第3腕茎化，顶部特化为端器。闭锁器退化。漏斗器呈"W"或"VV"形。齿舌为多尖形齿。内壳退化，背部两边仅余小侧针。

156. 短蛸 *Octopus ocellatus* (Gray, 1849)

标本采集地：河北省近海，底拖网。

形态特征：胴部呈卵圆形，体表具很多近圆形颗粒，在每一眼的前方，位于第2对和第3对腕足之间，各生有一个近椭圆形的大金圈，圈径与眼径相近，背面两眼间生有一个明显的近纺锤形浅色斑块。短腕型，腕长约为胴长的四五倍，各腕长度相近，腕吸盘2行。雄性右侧第3腕茎化，较左侧对应腕短，端器呈锥形，约为全腕长度的1/10；阴茎略呈"6"字形，膨胀部近圆形，甚大，约与阴茎部的长度相近。漏斗器呈"W"字形。鳃叶片数为7～8片。

生态分布： 浅海性底栖种类，早春从较深的越冬区向沿岸的内湾作短距离的生殖洄游。河北省近海产卵期为4—5月，产卵场水深5～20 m，底质为泥沙。卵产于空贝壳、石缝或海底凹陷处。本种广泛分布于河北省近海，是主要的捕捞对象之一。

157. 长蛸 *Octopus variabilis* (Sasaki, 1829)

标本采集地： 河北省近海，底拖网。

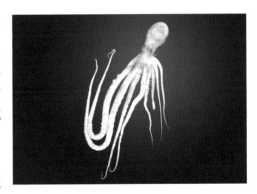

形态特征： 胴部呈长卵形，胴长约为胴宽的2倍，体表光滑，具极细的色素点斑。长腕型，腕长约为胴长的七八倍，各腕长度不等，第1对腕最长也最粗，其腕径约为其他腕径的2倍，腕式为1>2>3>4，腕吸盘2行。雄性右侧第3腕茎化，甚短，仅为左侧对应腕长度的1/2，端器呈匙形，大而明显，约为全腕长度的1/6；阴茎略呈"6"字形，膨胀部卷成螺旋状，阴茎部较短。漏斗器呈"↓↓"形。鳃叶片数为9～10片。

生态分布： 浅海性底栖种类，春季繁殖，此时或从内湾深水区向浅水区移动，从潮下带向潮间带移动，在泥沙质中、低潮区穴居生殖。在河北省近海繁殖期为4—6月。本种在河北省近海都有分布，是主要的捕捞对象之一。

参考文献

渟海西部海域
海洋软体动物

齐钟彦.1989.黄渤海的软体动物.北京：农业出版社.

齐钟彦.1983.中国动物图谱 软体动物 第二册.北京：科学出版社.

徐凤山,张素萍.2008.中国海产双壳类图志.北京：科学出版社.

赵汝翼.1982.大连海产软体动物志.北京：海洋出版社.